suhrkamp pocket

Dies ist die Geschichte von drei alten Männern, die sich in die nordkanadischen Wälder zurückgezogen haben. Von drei Männern, die die Freiheit lieben. Eines Tages aber ist es mit ihrer Einsiedelei vorbei. Zuerst stößt eine Fotografin zu ihnen, sie sucht nach einem der letzten Überlebenden der Großen Brände, einem gewissen Boychuck. Kurze Zeit später taucht Marie-Desneige auf, eine eigensinnige, zierliche Dame von achtzig Jahren. Die Frauen bleiben. Und während sie dem Rätsel um Boychucks Überleben nachgehen, entsteht etwas unter diesen Menschen, das niemand für möglich gehalten hätte.

Ein Leben mehr ist ein wundersam beseelter und berührender Roman über die Liebe, die Freiheit und die Natur. Ein Roman wie das Leben selbst: traurig und schön.

Jocelyne Saucier, geboren 1948 in der Provinz New Brunswick, lebt heute in einem Zehn-Seelen-Ort im Wald, im nördlichen Québec. Sie arbeitete lang als Journalistin, bevor sie mit dem literarischen Schreiben begann. *Ein Leben mehr* ist ihr vierter Roman, der erste in deutscher Sprache.

Jocelyne Saucier

Ein Leben mehr

Roman

Aus dem Französischen von
Sonja Finck

Suhrkamp

Die Originalausgabe erschien 2011 unter dem Titel
Il pleuvait des oiseaux bei Les Éditions XYZ, Montréal.

We acknowledge the support of the Canada Council for the Arts for this translation

Canada Council for the Arts | Conseil des arts du Canada

Erste Auflage 2020
suhrkamp taschenbuch 5064

Umschlag: Rothfos & Gabler, Hamburg, nach Entwürfen von hißmann, heilmann, hamburg
Umschlagabbildung: Stephen Caroll/Getty Images
Satz: Satz-Offizin Hümmer GmbH, Waldbüttelbrunn
Druck und Bindung: Kösel, Altusried
Printed in Germany
ISBN 978-3-518-47064-0

Ein Leben mehr

für Marie-Ange Saucier

Eine Geschichte, in der es um Menschen geht, die spurlos verschwinden, um einen Todespakt, der dem Leben sein Salz gibt, um den unwiderstehlichen Ruf der Wildnis und um die Liebe, die dem Leben seinen Sinn gibt. Die Geschichte klingt unwahrscheinlich, aber da wir Zeugen haben, muss sie wahr sein. Wer an ihr zweifelt, dem entgeht einer dieser besonderen Orte, wo besondere Menschen leben.

Dies ist die Geschichte von drei alten Männern, die sich in den Wald zurückgezogen haben. Drei Männern, die die Freiheit lieben.

»Man ist frei, wenn man sich aussuchen kann, wie man lebt.«

»Und wie man stirbt.«

Das werden Tom und Charlie zu der Besucherin sagen. Zusammen sind sie fast zweihundert Jahre alt. Tom ist sechsundachtzig, Charlie drei Jahre älter, und sie haben noch viele Jahre vor sich, davon sind sie überzeugt.

Der Dritte im Bunde schweigt. Er ist vor wenigen Tagen gestorben. Tot und begraben, wird Charlie zu der Besucherin sagen, die ihm zunächst nicht glauben will, weil sie einen langen Weg zurückgelegt hat, um diesen Ted oder Ed oder Edward Boychuck aus-

findig zu machen. Die verschiedenen Vornamen und sein ungewisses Schicksal ziehen sich wie ein roter Faden durch die Geschichte.

Die Besucherin ist Fotografin und hat noch keinen Namen.

Und die Liebe? Nun, die Liebe wird noch etwas warten müssen.

Die Fotografin

Kilometer um Kilometer fuhr ich einen unbefestigten Weg entlang, während sich über mir Gewitterwolken zusammenballten. Die ganze Zeit fragte ich mich, ob sich der Wald wohl lichten würde, bevor es dunkel wurde, oder wenigstens, bevor das Unwetter losbrach. Seit dem frühen Nachmittag fuhr ich über federnde Waldwege, kreuzte hin und wieder einen Forstweg oder eine Quadpiste, und irgendwann kamen nur noch Pfützen, Moosteppiche und Fichten, die immer dichter wuchsen, eine finstere, schwarze Festung. Der Wald würde mich verschlingen, bevor es mir gelang, diesen Ted oder Ed oder Edward Boychuck ausfindig zu machen. Der Vorname änderte sich, aber der Nachname blieb gleich, also musste an den Geschichten etwas dran sein, die man mir über Boychuck erzählt hatte, einen der letzten Überlebenden der Großen Brände.

Ich hatte geglaubt, dass die Wegbeschreibung ausreichen würde: Du fährst immer am Fluss entlang, dann biegst du rechts ab und fährst ungefähr fünfzehn Kilometer bis zum Perfection Lake, der ist leicht zu erkennen, er besteht aus Eiszeitwasser, türkisem Gletscherwasser, der See ist rund wie ein Teller, daher auch der Name, an dem türkisen Teller biegst du links ab, du fährst an einem verrosteten Förderturm vorbei, dann geht es zehn Kilometer immer geradeaus, auf keinen Fall darfst du in einen der alten Forstwege abbiegen, und ab da kannst du dich nicht mehr verfahren, da ist nur noch dieser eine Weg, der ins Nichts führt. Rechts siehst du einen Bach, der durch Felsbecken fließt, und in der Nähe des Bachs steht Boychucks Hütte, aber ich sag's dir gleich, er bekommt nicht gern Besuch.

Der Fluss, der türkise See, der alte Förderturm, ich folgte der Beschreibung genau, aber ich stieß auf keinen Bach, der durch Felsbecken floss, und auch auf keine Hütte. Plötzlich war der Weg zu Ende. Weiter ging es nur auf einem verwilderten Pfad, für den man ein Quad gebraucht hätte. Mit meinem Pickup kam ich da nicht durch. Ich überlegte gerade, ob ich umkehren oder auf der Ladefläche übernachten sollte, als ich ganz in der Nähe Rauch sah, ein dünnes Band, das sich über den Baumwipfeln kräuselte. Eine Einladung.

Charlies Blick traf mich, sobald ich die Lichtung betrat, auf der mehrere Hütten standen. Eine Warnung: Niemand betritt sein Reich ohne Einladung.

Sein Hund hatte mich natürlich längst angekündigt, und Charlie erwartete mich vor einer der Hütten. Es musste die Wohnhütte sein, denn aus dem Ofenrohr stieg der Rauch auf, den ich gesehen hatte. Charlie trug mehrere Holzscheite im Arm, er wollte wohl gerade das Abendessen kochen. Während unseres gesamten Gesprächs hielt er die Scheite umklammert und stand reglos vor der geschlossenen Fliegengittertür. Er machte keine Anstalten, mich hineinzubitten. Die eigentliche Tür stand offen, damit die Hitze des Ofens entweichen konnte. Drinnen war es dunkel und ich konnte nicht viel erkennen, nur ein schemenhaftes Durcheinander, aber der Geruch war mir vertraut. Es war der Geruch von Waldmenschen, der Mief von Männern, die seit Jahren keiner Dusche oder Badewanne nahe gekommen waren. Denn so etwas besaßen meine alten Freunde nicht. In ihren Hütten roch es nach ungewaschenen Körpern und ranzigem Fett, weil sie sich hauptsächlich von Wild ernährten, gebraten oder als Eintopf, ein Fleisch, dem man viel Fett beigeben muss, es roch nach dem Staub, der in dicken Schichten auf allem lag, was nicht regelmäßig bewegt wurde, und es roch nach trockenem Tabak. Der Tabak war ihre Lieblingsdroge. Die Anti-Raucher-Kampagnen der Regierung waren nicht bis zu ihnen vorgedrungen, und so kauten einige meiner alten Freunde nach wie vor auf ihrem Nikotinklumpen herum oder schnupften andächtig ihren Copenhagen. Man kann sich gar nicht vorstellen, wie wichtig der Tabak ihnen war.

Charlies Zigarette wanderte zwischen seinen Mundwinkeln hin und her wie ein kleines zahmes Tier, und als sie erlosch, blieb sie einfach dort hängen. Charlie hatte immer noch kein Wort gesagt.

Zuerst dachte ich, er wäre der Mann, den ich suchte, dieser Ed oder Ted oder Edward Boychuck, der die Großen Brände überlebt hatte und der vor seinem eigenen Leben in den Wald geflohen war. In dem Hotel, wo ich übernachtet hatte, bekam man ihn nur selten zu Gesicht. Das Hotel war eine Absurdität, ein dreistöckiges Gebäude mitten im Nichts, einst eine Nobelherberge und mittlerweile nur noch eine traurige Ruine. Der Mann, den ich für den Besitzer gehalten hatte, der aber nur Pächter war – du kannst Steve zu mir sagen, meinte er gleich zu Beginn unseres Gesprächs –, erzählte, das Hotel sei von einem reichen Spinner erbaut worden, einem Libanesen, der mit dem Verkauf von gepanschtem Schnaps viel Geld gemacht und mit größenwahnsinnigen Bauprojekten alles wieder verloren hatte. Er hatte geglaubt, die Gegend wäre das neue Klondike und bald würde eine Eisenbahnlinie dort hochführen, und er wollte der Erste sein, der an der neuen Kundschaft verdiente. Das war seine letzte verrückte Idee, sagte Steve. Das mit dem Klondike war natürlich Unsinn, keine Eisenbahnlinie führte jemals zu dem Hotel des Libanesen, der Spinner zog in die Vereinigten Staaten und eröffnete eine Hotelkette für Lkw-Fahrer.

Ich mag solche Orte, die jeden Anspruch und jede

Koketterie aufgegeben haben, Orte, die sich an eine fixe Idee klammern und darauf warten, dass die Zeit ihnen recht gibt. Das schnelle Geld, die Eisenbahn, die Rückkehr der alten Freunde, niemand weiß genau, worauf sie eigentlich warten. In der Gegend gab es mehrere solcher Orte. Sie trotzten ihrem eigenen Verfall und arrangierten sich mit der Einsamkeit.

Steve, der Hotelpächter, unterhielt mich den ganzen Abend lang mit Anekdoten über das harte Leben da draußen, aber ich durchschaute ihn. Stolz erzählte er mir von hungrigen, zeckenzerfressenen Bären, die ihm vor der Tür auflauerten, von dem Wind, der nachts am Haus rüttelte, und von den Mücken, ich habe dir ja noch gar nicht von den Mücken erzählt, im Juni ist hier alles voll davon, Stechmücken, Kriebelmücken, Gnitzen, Bremsen, am besten wäscht man sich gar nicht mehr, denn es gibt nichts Besseres als eine ordentliche Schmutzschicht, um sich vor den Mistviechern zu schützen, und dann die Januarkälte! Ah, die Januarkälte, darauf sind die Leute im Norden besonders stolz. Steve beschwerte sich ausgiebig über die strengen Winter, damit ich bewunderte, wie abgehärtet er war.

»Und Boychuck?«

»Boychuck ist eine offene Wunde.«

Der Alte, der reglos und stumm vor seiner Hütte stand, konnte nicht der Mann sein, den ich suchte.

Er strahlte eine zu große Ruhe und Gelassenheit aus. Fast schon gutmütig wirkte er, obwohl er mich argwöhnisch musterte, als wollte er herausfinden, was ich zu verbergen hatte. Animalisch war das Wort, das mir spontan zu ihm einfiel. Er hatte einen animalischen Blick. Sein Blick war nicht aggressiv, Charlie war kein Raubtier, aber er war wachsam, auf der Hut, er schien sich immer zu fragen, was eine Bewegung im Unterholz, ein aufblitzendes Licht, ein allzu breites Lächeln oder allzu schöne Worte zu bedeuten hatten. Und obwohl ich mir große Mühe gab, hatten meine Worte ihn nicht davon überzeugt, dass es eine gute Idee war, mir die Tür zu öffnen.

Wenn man Menschen, die fast ein Jahrhundert auf dem Buckel haben, einen Besuch abstattet, schüttelt man nicht einfach irgendeine Geschichte aus dem Ärmel. Man braucht Fingerspitzengefühl, Geschick, aber man darf es nicht übertreiben, denn alte Leute durchschauen dich schnell, in den letzten Jahren ihres Lebens bleibt ihnen schließlich nicht viel anderes als Gespräche, und sorgfältig zurechtgelegte Sätze machen sie misstrauisch.

Als Erstes sagte ich ein paar Worte zu seinem Hund, einer Mischung aus Neufundländer und Labrador, der aufgehört hatte zu bellen, mich aber nicht aus den Augen ließ. Du bist aber ein schönes Tier, sagte ich, und das Kompliment galt dem Herrchen ebenso wie dem Hund. Ein Labrador? Ich erntete ein knappes Nicken und einen abwartenden Blick. Ich hatte den weiten Weg doch wohl nicht zurückgelegt, um mit ihm über seinen Hund zu reden?

Ich bin Fotografin, sagte ich schnell, um kein Missverständnis aufkommen zu lassen. Ich wollte ihm nichts verkaufen, ihm keine schlechte Nachricht überbringen, ich war keine Sozialarbeiterin oder Krankenschwester, und ich war auch nicht von irgendeinem Amt, denn das waren die Schlimmsten, das wusste ich von den vielen alten Menschen, die ich besucht hatte. Sie sind doch hoffentlich nicht von der Regierung? Die Frage kommt unweigerlich, wenn ich meine Anwesenheit nicht schnell genug erkläre. Die Alten können niemanden von der Regierung gebrauchen, der ihnen sagt, dass es da ein Problem gibt, hier, in den Unterlagen, in den Briefen, in den Papieren, die Zahlen stimmen nicht überein, mit Ihrer Akte stimmt etwas nicht. Und weil etwas mit meiner Akte nicht stimmt, stimmt auch mit mir etwas nicht? Elendes Regierungspack. Raus, da ist die Tür!

Ich bin Fotografin, wiederholte ich, ich fotografiere die Überlebenden der Großen Brände.

Boychuck hatte seine ganze Familie in dem Großen Brand von Matheson im Jahr 1916 verloren, und diese Tragödie trug er sein Leben lang mit sich herum.

Der Mann, der mir gegenüberstand, war hingegen

unversehrt, er war solide, ihm konnte nichts etwas anhaben. Sein Blick wanderte zum Himmel und sein Gesicht verdüsterte sich angesichts der regenschwangeren Wolken direkt über uns. Als Charlie mich wieder ansah, lag in seinem Blick der Blitz des Gewitters, das jeden Moment losbrechen konnte. Wie ein Tier, dachte ich, er reagiert nur auf die Natur.

Ich erklärte ihm, warum ich gekommen war, und nannte ihm vorsichtshalber alle Namen. Ich hatte einen getroffen, der einen anderen kannte, der mir von einem Dritten erzählt hatte. Ich erläuterte, wie ich mich von einer Bekanntschaft zur nächsten gehangelt hatte, wie jeder der alten Leute mir als Passierschein gedient hatte und wie ich schließlich hier gelandet war, auf diesem wunderschönen Fleckchen Erde, ich verstehe gut, dass Sie hergezogen sind, Mister Boychuck, mit diesem herrlichen See direkt vor der Tür und der ganzen Natur ringsherum, und wenn Sie ein paar Minuten Zeit hätten, würde ich mich gern in Ruhe mit Ihnen unterhalten.

Das war ein billiger Trick, ich wusste genau, dass er nicht Boychuck war, aber manchmal darf man es mit der Wahrheit nicht so genau nehmen.

Boychucks Name erschütterte ihn mehr, als er zeigen wollte. Er blinzelte, und in diesem Moment wurde der Himmel schwarz, die Erde ging unter und der Donner grollte ungeduldig. Endlich machte Charlie den Mund auf:

»Boychuck ist tot und begraben.«

Mehr würde er nicht sagen, das Gespräch war beendet. Er wollte mir gerade seinen breiten Bärenrücken kehren, als der Himmel die Schleusen öffnete. Der Regen ging auf uns nieder, als stünden wir unter der Dusche. Charlie öffnete die Fliegentür und schob mich in die Hütte. Es lag eine natürliche Autorität in seiner Berührung. Ich spürte sie kaum, seine Hand auf meinem Rücken war leicht und trotzdem resolut.

»Komm rein, sonst wirst du nass.«

Seine Stimme war genauso abweisend wie sein Verhalten. Er ging zum Herd, einem kleinen Holzofen – so einen winzigen hatte ich noch nie gesehen –, und schaute nach dem Feuer, ohne mich weiter zu beachten. Das Feuer war erloschen. Er schichtete Kleinholz übereinander, blies in die Glut, warf ein paar Rindenstücke hinein, blies noch einmal, und als die Flammen aufflackerten, verschloss er die Herdklappe und die Luftschlitze und trat an die Arbeitsfläche, die ich im Halbdunkel nur vage erkennen konnte. Er begann Kartoffeln zu schälen, und aus der Menge schloss ich, dass ich zum Abendessen eingeladen war.

Der Regen trommelte aufs Dach, er war noch stärker geworden, zwischendurch verstand man sein eigenes Wort nicht. Der Wind heulte um die Hütte, und es donnerte und blitzte. Wir beide wussten, dass ich nicht zu meinem Pick-up zurückkonnte.

»Du wirst hier übernachten müssen.«

Ich schlief auf einem Lager aus Pelzen wie eine Prinzessin in einem alten Märchen, auf einer weichen Bettstatt aus den Fellen eines Schwarzbären, eines Silberfuchses, eines Wolfs und eines Marders, dessen dunkelbraunes Fell fast schwarz schimmerte. Charlie war beeindruckt, dass ich sie alle kannte. Vor allem der Marder ist ein sehr seltenes Tier, und sein Fell ist noch seltener, denn er ist schlau und aggressiv und geht einem nicht so leicht in die Falle. Aber die Fallenstellerei lohnt sich eh nicht mehr, erklärte Charlie, heutzutage bekommt man fast nichts mehr für die Pelze.

Ich beeindruckte ihn an dem Abend noch öfter. Zum Beispiel, wenn ich den Namen eines Gewächses wusste, über das wir sprachen, eines Farns, einer Flechte oder eines Strauchs, während er, der den Wald in- und auswendig kannte, keine Ahnung hatte, wie es hieß. Er konnte eine Pflanze, die im Unterholz wuchs, so präzise wie ein Botaniker beschreiben, ihre Umgebung, ihre Lebensgewohnheiten, die Art und Weise, wie sie den Tau einfing, um sich vor der Trockenheit und den heißen Sommerwinden zu schützen. All das wusste er, aber den Namen der Pflanze kannte er nicht. *Maianthemum canadense*, sagte ich. Er fragte, ob die Beeren wirklich giftig seien. Er nannte die *Maianthemum canadense* Rebhuhngift. Die Beeren sind genießbar, erklärte ich, aber wenn man zu viele davon isst, bekommt man Durchfall.

»Woher weißt du das alles?«

Ich bin keine Botanikerin, Biologin oder so was in der Art, aber ich kenne mich aus, weil ich zwanzig Jahre mit solchen Leuten durch die Wildnis gestreift bin. Die Natur war mein Spezialgebiet. Ich nannte mich Waldfotografin. Jahrelang beugte ich mich über Blätter und Blüten und führte ein geruhsames Leben, aber irgendwann hatte ich die Nase voll. Ich sehnte mich nach Menschen, nach Gesichtern, Händen und Blicken, ich hatte keine Lust mehr, über Stunden hinweg eine Spinne zu beobachten, die ihrer Beute auflauert. Durch einen Zufall stieß ich auf die Großen Brände und die Menschen, die sie überlebt hatten. Mittlerweile sind die Zeitzeugen natürlich sehr alt. Der erste Große Brand wütete im Jahr 1911. An dieser Stelle geriet das Gespräch ins Stocken. Charlie verstummte, sobald ich auf das Thema zu sprechen kam.

Trotzdem war es ein schöner Abend. Charlie freute sich über die Gesellschaft, das merkte man, sein Gesicht hatte sich entspannt, aber hören konnte ich es nicht, seine tiefe Stimme klang immer noch genauso brummig wie bei meiner Ankunft.

Wir erzählten uns unser Leben, ich erzählte von meinem Leben unterwegs, immer auf der Suche nach einem neuen Gesicht, einer neuen Begegnung, und er von seinem Leben in der Wildnis, wo er der Zeit beim Vergehen zusah und nichts anderes zu tun hatte, als zu leben. Aber damit hat man genug zu tun, sagte er, und das glaubte ich gern, denn es musste harte Arbeit sein, hier draußen im Wald nicht zu verhungern oder zu erfrieren, so ganz allein. Ich betonte das Wort »allein«, aber er durchschaute mich. Er war ein geübter Fallensteller, er witterte die Gefahr, er ließ sich nicht mit einem so billigen Trick hereinlegen.

»Ich hab ja meinen Chummy«, sagte er, und sein Blick ging zu dem Tier.

Der Hund hatte die ganze Zeit neben der Tür gelegen und geschlafen, aber sein Schlaf war unruhig. Bei jedem Donnerschlag zuckte er zusammen und sein Fell sträubte sich vom Kopf bis zum Schwanz. Dann atmete er wieder tief und gleichmäßig, bis zum nächsten Donnergrollen.

Als Charlie seinen Namen sagte, sprang er auf und legte sich seinem Herrn vor die Füße.

»Nicht wahr, Chummy, wir beiden sind ein gutes Team. Sag unserer Besucherin, dass wir ein gutes Team sind.«

Charlie strich ihm übers Fell, widmete sich ausführlich dem Hals, stieß hinter den Ohren auf verfilztes Haar, zupfte es in kleinen Büscheln aus, fuhr dem Tier über den Rücken, sanft und trotzdem kräftig, streichelte und kraulte ihn mit gekonnter Hand, und der Hund brummte zufrieden, während sein Herrchen sich mit der Besucherin unterhielt und immer mal wieder ein Wort an ihn richtete.

»Wir zwei beiden haben es gut miteinander, was, Chummy?«

Ich war beeindruckt von dieser dicken, knotigen Hand mit den steifen Gelenken, die im Fell des Hundes so geschmeidig war, und mehr noch von Charlies Stimme, die, wenn sie dem Hund galt, leiser wurde, samtweich und zärtlich. Mit derselben weichen Bassstimme erklärte mir Charlie, dass sein Chummy Angst vor Gewittern habe.

»Er fürchtet sich vor dem Donner«, sagte er, »deshalb hole ich ihn bei Gewitter zu mir rein.«

Dann verschwand die Violoncellostimme, und Charlie sprach wieder im Tonfall des Herrn über die Wälder.

Später, als er das Bündel Pelze aufschnürte, um mir ein Schlaflager zu bereiten, waren die geschmeidige Hand und die Samtstimme wieder da.

Das Gewitter hatte nicht nachgelassen. In dem einzigen Raum der Hütte regnete es durchs Dach. Charlie kannte das Loch, er hatte einen Topf daruntergestellt. Das Wasser, das in den Topf platschte, der Regen, der gegen das Fenster trommelte, das Feuer, das im Herd knisterte, und Chummy, der zufrieden brummte, wenn sein Herrchen ihn streichelte, erfüllten die Hütte mit Wärme und Leben. Ich freute mich sehr, dort übernachten zu dürfen.

Die Pelze lagen zu einem Bündel zusammengeschnürt in einer Ecke. Es waren mindestens zwanzig. Im Winter sind sie sehr praktisch, sagte Charlie, als er meinen überraschten Blick sah, und ich stellte mir vor, wie er bei minus fünfzig Grad Außentemperatur zusammen mit Chummy unter einem Haufen Felle liegt, und in der Hütte ist es still bis auf das Feuer, das im Herd prasselt.

Charlie stellte keine Fallen mehr, seit die Umweltschützer die Preise kaputt gemacht hatten, aber die letzten Fänge hatte er behalten, und zu jedem Fell, das er entrollte, fiel ihm eine Geschichte ein, die Geschichte des Tieres, das ihm seine Haut überlassen hatte. Charlies Stimme wurde langsamer und runder, wenn er sich an das Tier erinnerte, an den Ort, an dem es gelebt hatte, an die Spur, der er gefolgt war, an den Moment, als ihm das Tier in die Falle gegangen war. Seine Stimme klang nun wieder warm und weich. Arme kleine Mutter, sagte er und strich mit seiner schwieligen Hand über ein Biberfell. Sie war zur falschen Zeit am falschen Ort.

Ich liebe Geschichten, ich liebe es, wenn man mir ein Leben von Anfang an erzählt, mit allen Umwegen und Schicksalsschlägen, die dazu geführt haben, dass ein Mensch sechzig oder achtzig Jahre später vor mir steht, mit einem ganz bestimmten Blick, ganz bestimmten Händen und einer ganz bestimmten Art zu sagen, dass das Leben gut oder schlecht gewesen ist. Eine alte Frau, der ich bei meinen Recherchen begegnet war, legte ihre Hände, die auf dem Blumenmuster ihres Rocks geruht hatten, flach auf die Tischplatte. Sie hatte schmale weiße Finger. Schau mal, sagte sie, kein Riss, kein Fleck, sie sehen noch genauso aus wie früher, als ich zwanzig war. Ihre Hände waren ihr ganzer Stolz. Sie erzählte mir von fünf Kindern, die schnell hintereinander zur Welt gekommen waren, einem niedergebrannten Hof und einem Mann, der dem Großen Feuer von 1916 zum Opfer gefallen war, von einer viel zu kleinen Wohnung in der Stadt, fünf hungrigen Mäulern und vom Putzen bei fremden Leuten, um irgendwie über die Runden zu kommen, ein ganzes Leben im Seifenwasser und keine Runzel, keine Furche.

Arme kleine Mutter, sagte Charlie, und ich hatte das Gefühl, mich mitten in einer jener großen Geschichten wiederzufinden, die das Leben schreibt und die ich so sehr liebe. Die Biberin, ein vierjähriges Weibchen, war Charlie mit drei kaum ausgeformten Jungen im Bauch in die Falle gegangen. Sie war zur falschen Zeit am falschen Ort gewesen, ich hatte es auf das Männchen abgesehen, ein Prachtexemplar mit rotem Haar, fast schon blond, ein seltener Farbton, ein solcher Pelz ist sehr kostbar. Ich kannte die ganze Familie, sie lebte in ihrem Bau in einer Bucht unten am See, eine Mutter, drei Junge aus dem Wurf vom Vorjahr und mein großer Pascha mit dem goldenen Pelz, der mir einfach nicht in die Falle gehen wollte. Im Januar hatte ich eines der jungen Männchen erwischt und im Februar ein zweites, hübsche Tiere, aber kein Vergleich zu meinem goldenen Pascha. Normalerweise lege ich meine Fallen im März still, wenn der Frühling kommt, denn dann verlieren die Felle ihren Glanz, aber mich packte der Ehrgeiz, ich wollte das Gold, und so ließ ich die Fallen offen. Arme kleine Mutter, sie hätte den Bau nicht verlassen sollen.

Er erzählte mir von dem jungen Fuchs, der mit einer Pfote in eine Hasenfalle geraten war und wie ein Baby geweint hatte, von dem Wolf, der ihm stundenlang von einer Falle zur nächsten gefolgt war, und von dem Bären, der ihm im Frühling über den Weg gelaufen war. Ich meinte den Wolf, den Fuchs und die Bibermutter wehmütig seufzen zu hören, als Charlie mir von ihrem Leben erzählte, das mir nun als Bett diente. Es dauerte eine ganze Weile, bis ich inmitten all der Geschichten einschlafen konnte. Der Tiergeruch war überwältigend. Ich bekam kaum Luft und wälzte mich unruhig hin und her. Zu allem Überfluss schnarchte Charlie, als wollte er den Donner übertönen.

Am nächsten Morgen wachte ich spät auf. In der Hütte war es warm und still, nur das Feuer knackte im Herd. Als ich gerade wieder einschlafen wollte, spürte ich Charlies Blick.

Er saß am Tisch. Zwischen den beiden kleinen Fenstern, die einander gegenüberlagen, durchschnitt ein staubiger Sonnenstrahl den Raum und umgab Charlies weißes Haar mit einem silbernen Heiligenschein. Er musterte mich eindringlich.

Ich schlafe meist nackt und fürchtete kurz, ich hätte mich im Schlaf ausgezogen. Mit einem schnellen Blick vergewisserte ich mich, dass ich meine Jeans und die Fleecejacke trug. Aber nun wusste ich, was den alten Mann beunruhigte. Ich befand mich in einer kompromittierenden Situation, das Gesicht halb vergraben in schwarzem Fell, einen Arm über dem warmen Körper, eine Hand auf dem weichen Bauch. Sein Chummy war nachts zu mir unter die Felle gekrochen, und ich hatte mich an ihn geschmiegt.

Chummy und ich standen hastig auf und gesellten uns zu Charlie, der kein Wort über die Sache verlor. Stattdessen verkündete er, es würde ein schöner Tag werden, womit er eigentlich sagen wollte, dass es zu regnen aufgehört hatte und ich keinen Grund hatte, noch länger herumzutrödeln.

Trotzdem lud er mich zum Frühstück ein. Es gab wieder Kartoffeln, diesmal gebraten mit Speck, und Tee mit viel Zucker.

Das Gespräch wollte nicht so recht in Gang kommen, die Stimmung war angespannt, und auf meine Fragen antwortete Charlie nur grunzend. Ich gebe mich nicht so leicht geschlagen, aber in diesem Fall musste ich wohl unverrichteter Dinge abziehen. Nicht einmal eine weitere Fallenstellergeschichte bekam ich aus ihm heraus. Und dann geschah ein Wunder.

Die Tür ging auf, und Tom kam herein.

»Entschuldige die Störung! Ich hatte ja keine Ahnung, dass du Damenbesuch hast.«

Bei Tom wusste man auf Anhieb, woran man war, er brauchte seine Geschichte nicht erst zu erzählen. Seine von Alkohol und Zigaretten kaputte Stimme verriet, dass er sich jahrzehntelang in irgendwelchen Spelunken herumgetrieben hatte. Er war groß und hager, hatte dünnes Haar, das um einen kahlen Schädel spross, und ein schielendes Auge. Er war das genaue Gegenteil von Charlie.

Sein gesundes Auge suchte den Raum ab, und als er fand, wonach er Ausschau gehalten hatte, nämlich einen Metalleimer, drehte er ihn um und ließ sich darauf nieder. Da begriff ich, dass ich auf seinem Stuhl saß.

»Und was führt dich in die Gegend, meine Schöne?«

Ich bin nicht die Sorte Frau, die solche Komplimente bekommt, ich bin groß und kräftig, und mein Blick kann jeden, der mir dumm kommt, zur Salzsäule erstarren lassen, aber in diesem Moment freute ich mich über die harmlose Anzüglichkeit, mit der er beweisen wollte, dass er sich mit Frauen auskannte. Ich ergriff die Gelegenheit und erzählte von meinen Recherchen, von den Großen Bränden, von Boychuck, der angeblich tot und begraben war, der aber genauso gut putzmunter in einer Hütte ganz in der Nähe sitzen konnte.

Tom hatte weder die Großen Brände miterlebt noch Boychuck als jungen Mann gekannt, damals, als dieser tagelang durch die qualmende Landschaft geirrt war. Für diese Geschichten aus grauer Vorzeit bin ich viel zu jung, sagte er und fixierte mich mit seinem gesunden Auge, das war lange vor meiner Zeit, ich bin nämlich der Jüngste hier. Trotzdem erzählte auch er mir dieselben alten Geschichten: Eine Frau hatte ihr Kind in dem See zur Welt gebracht, wo das Dorf Zuflucht gesucht hatte, eine andere hatte sich in die Flammen gestürzt und ihr Kind war hinterhergelaufen, und von einer dritten Frau hatte man nur noch den Ehering in der Asche gefunden. Tom vermischte die Geschichten mit seiner eigenen und scherte sich nicht darum, ob ich ihm glaubte oder nicht, ganz so, als wollte er sagen: Wenn du mir nicht glaubst, hast du nicht gelebt.

Er erzählte, dass er Goldschmuggler gewesen war, ein gefährlicher Beruf, wenn man so etwas überhaupt einen Beruf nennen konnte. So ähnlich wie die jungen Leute, die heute in ihrem Koffer oder Magen Kokain über die Grenze schmuggeln. Tom nahm damals regelmäßig den Zug nach Toronto oder New York. Er klebte die Goldklumpen innen in seine Gitarre, denn er war auch Musiker gewesen, ein recht erfolgreicher sogar. Ich werde nie erfahren, ob die Geschichte erfunden war, aber das galt für alle Geschichten, die Tom mir an jenem Morgen in Charlies Hütte auftischte. Manche handelten auch von der Liebe. Eine russische Prinzessin, die in dem Hotel, wo Tom mit seiner Klampfe auftrat, Flamenco tanzte, rief auf einem Bahnsteig seinen Namen und hielt ihm einen Säugling entgegen, während der Zug Tom davontrug. Eines Tages nahm sein Leben eine abrupte Wendung. Tom wollte einen seiner Zulieferer, der für die Goldmine arbeitete, austricksen und wurde zusammengeschlagen. Er wartete vor der Bürobaracke auf die Bergleute, um ihnen die Nuggets direkt abzukaufen, als die Schläger seines Zulieferers aufkreuzten.

»Du glaubst mir nicht? Wie habe ich wohl mein Auge verloren?«

Er erzählte weiter, schließlich war das Leben nicht vorbei, nur weil man ihn zum Krüppel geschlagen hatte, beide Beine gebrochen, die Rippen geprellt, ein Auge kaputt, aber das Herz heil, und so folgten weitere Liebesgeschichten, weitere Abenteuer, und während er mir sein unglaubliches Leben erzählte, fragte ich mich, ob er wirklich der Mann war, als der er sich ausgab. Das alles klang nicht nach jemandem, der freiwillig in eine einsame Hütte im Wald zieht.

Charlie beobachtete mich mit schiefem Grinsen. Er kannte Toms Geschichten in- und auswendig, die wahren und die erfundenen, und er musste sich fragen, was ich von alldem hielt.

Die beiden waren ein merkwürdiges Paar. Charlie, der Brummbär, der nur schlecht verhehlen konnte, wie viel Spaß ihm das Gespräch machte, und Tom, der schlaksige Frauenheld, der mich unbedingt beeindrucken wollte.

Was suchte Tom da draußen in der Wildnis? Für gewöhnlich blieben Männer, die sich ihr Leben lang in irgendwelchen schäbigen Hotels hatten volllaufen lassen, bis zu ihrem Tod dort hängen. Ich war alten Männern begegnet, die kaum noch das Glas heben konnten, Männern, die wie ein Schatten zwischen den anderen Gästen hockten und sich pudelwohl fühlten. Sie sitzen allein an ihrem angestammten Tisch in einer dunklen Ecke, und hin und wieder gibt ihnen jemand einen aus oder ein paar andere Trinker holen sie an ihren Tisch. Sie bitten den Alten, einen Schwank von früher zu erzählen, ziehen ihn mit ein paar harmlosen Scherzen auf, reißen ihn kurz aus seinem Trott und vergessen ihn dann wieder. Immer zur selben Zeit ziehen sich die alten Männer auf ihr Zimmer zurück, um ein Nickerchen zu halten. Das Zimmer liegt meist im Keller und ist ein feuchtes, fensterloses Loch, das nach muffigen Hausschuhen und kaltem Rauch riecht. Die alten Männer würden aus allen Wolken fallen, wenn man sie fragen würde, ob sie glücklich sind. Sie müssen nicht glücklich sein, Hauptsache, sie sind frei. Angst haben sie nur vor den Sozialarbeiterinnen dieser Welt und davor, ihre Freiheit zu verlieren. Das war auch Toms Antwort, als ich ihn fragte, was ihn an diesen gottverlassenen Ort geführt hatte.

»Man ist frei, meine Schöne, wenn man sich aussuchen kann, wie man lebt.«

»Und wie man stirbt«, ergänzte Charlie.

Die beiden brachen in schallendes Gelächter aus.

Tom hatte tatsächlich in einem solchen Hotel gehaust. Er fegte den Boden, spülte die Gläser und verjagte die Fliegen. Der Besitzer bezeichnete ihn als Hausmeister, aber alle wussten, dass er nur einem ehrenwerten Trinker, der die besten Tage hinter sich hatte, seinen Stolz lassen wollte. Tom kippte alles Mögliche in sich rein, vor allem Scotch. Scotch, das ist mein Getränk, ich habe noch immer das Klirren der Eiswürfel im Ohr. Allein der Gedanke jagt mir einen Schauer über den Rücken. Manchmal vergaß Tom sein Alter und ließ sich volllaufen wie ein junger Mann. Die Besäufnisse dauerten mehrere Tage und endeten damit, dass er bewusstlos in seinem eigenen Erbrochenen lag. Eines Tages wachte er nicht mehr auf, kam ins Krankenhaus und fiel einer Sozialarbeiterin in die Hände. Ein Trumm von einer Frau, kräftiger noch als du, entschuldige meine Direktheit. Die breitschultrige Sozialarbeiterin schloss Tom ins Herz, und mit seiner Freiheit war es vorbei. Sie wollte unbedingt, dass Tom in dem blitzblanken Zimmer eines Altenheims glücklich wurde, und sie setzte alles daran, dass sein körperlicher und geistiger Verfall, seine alkoholbedingte Senilität, der Verlust seiner Geschäftsfähigkeit und seine allgemeine Unmündigkeit anerkannt wurden. Sie trieb sogar seine beiden Kinder auf, einen Mann und eine Frau fortgeschrittenen Alters, die sich schwach aus ihrer Kindheit an ihn erinnerten und die die Papiere unterschrieben.

»Sie wollten mich auf den Müll schmeißen!«

»Als er hier ankam«, nahm Charlie den Faden auf, »sah er aus wie ein Windhund, der knapp einer Meute Wölfe entkommen war.«

Ich erfuhr nicht, wie Tom hergefunden hatte, in diese Einsiedelei mitten im Wald, nur, dass er nicht lange gefackelt hatte und dass seine Entscheidung endgültig gewesen war.

»Innerhalb von zwei Minuten hatte ich meine Sachen gepackt und mich auf den Weg gemacht! Auf den Weg in die Freiheit!«

Wieder lachte er wiehernd, und Charlie, der nun jede Zurückhaltung aufgegeben hatte, stimmte dröhnend ein. Die beiden Alten freuten sich diebisch über den Schlag, den sie allen Sozialarbeiterinnen versetzt hatten, die alte Leute in Pflegeheime sperren wollten.

Charlie hatte ganz vergessen, dass er sauer auf mich war, weil ich die Nacht mit seinem Hund verbracht hatte. Wenn er mich ansah, lag in seinen Augen mittlerweile fast ein Lächeln. Er erhob sich, um Wasser aufzusetzen, und während er mit den Töpfen hantierte, unterhielt mich Tom mit Anekdoten und Zoten, als stünde er in einer der Spelunken, wo er als betrunkener Clown aufgetreten war, auf der Bühne und als könnte ich allein eine Meute grölender Zuschauer ersetzen.

»Siehst du den Dicken da, der Hausfrau spielt? Nein, du siehst ihn nicht! Er ist nämlich ein Geist! Er ist vor fünfzehn Jahren gestorben. Wie hieß das noch gleich?«

»Akutes Nierenversagen.«

»Akutes Nierenversagen hat der Arzt gesagt, und drei Behandlungen wovon, nur um irgendwann doch abzukratzen?«

»Hämodialyse. Drei Behandlungen pro Woche.«

»Das waren drei zu viel, und unser Charlie hat sich still und leise von all den guten Leutchen verabschiedet, die nur sein Bestes wollten. Nur deshalb ist er heute hier und kann uns Tee kochen. Hast du noch ein paar von deinen leckeren Plätzchen, alter Freund?«

Das wäre ewig so weitergegangen und ich hätte sicher auch noch Charlies Lebensgeschichte erfahren, wenn ich nicht ein so großes Interesse an dem Thema gezeigt hätte. Toms gesundes Auge verengte sich zu einem Schlitz, während das andere, das Schielauge, in alle Richtungen rollte, bevor es auf mir verharrte.

»Du bist doch hoffentlich nicht von irgendeinem Amt?«

Ich fragte mich, welches von Toms Augen eigentlich das gesunde war, ob es tatsächlich das starre war oder ob ich nicht den irrlichternden Bewegungen des anderen folgen musste. Tom hatte es faustdick hinter den Ohren. Man durfte sich von seinem Gewitzel nicht täuschen lassen, er war kein Narr, er war ein schlauer Fuchs, und womöglich lenkte das starre Auge einen nur ab, während das Schielauge einem tief in die Seele blickte.

»Wenn du von der Regierung bist, sage ich dir lieber gleich, dass du umsonst gekommen bist. Uns gibt es nämlich gar nicht.«

Ich musste meine Karten auf den Tisch legen und ihnen die Fotos in meiner Mappe zeigen, sonst hätte ich das wenige Vertrauen verloren, das ich mühsam aufgebaut hatte. Normalerweise hob ich mir diesen Moment für das Ende der Begegnung auf, wenn ich das Gefühl hatte, dass ich bei den alten Menschen, die ich fotografieren wollte, einen bleibenden Eindruck hinterlassen musste. Bei einem zweiten Treffen machte ich dann die Fotos. So hatte mein Gegenüber Zeit, in Erinnerungen zu schwelgen und sich nach meiner Rückkehr zu sehnen. Jeder noch so griesgrämige Alte fraß mir beim zweiten Treffen aus der Hand. Beim zweiten Mal rückte ich mit voller Ausrüstung an: Stativ, einem schwarzen Schirm und meiner Wista. Ich fotografiere auf die altmodische Art. Der analoge Film, den ich verwende, ist schön feinkörnig und fängt das Licht auf der Haut auf unvergleichliche Weise ein. Außerdem liebe ich die Langsamkeit des Rituals.

In meiner Mappe befanden sich rund hundert Fotos, zumeist Porträts, aber auch ein paar Schnappschüsse, die ich mit meiner Nikon gemacht hatte.

Charlie erkannte niemanden auf den Fotos, aber Tom entdeckte ein paar bekannte Gesichter: Mary Gyokery, eine Frau mit hellblauen Augen, die als junges Mädchen mit einem Freund von ihm ausgegangen war. Peter Langford, ein ehemaliger Boxchampion, mittlerweile nur noch ein dürres Gerippe. Andrew Ross mit seinem zahnlosen Lächeln und den vom Grauen Star getrübten Augen, der mich einen ganzen Tag lang in seiner Einzimmerwohnung festhielt und mir von den vier Stunden erzählte, die er im Porcupine Lake verbrachte, während die Stadt in Flammen stand. Samuel Dufaux, der wie durch ein Wunder überlebt hatte. Nach dem Feuer fand man den Jungen und den Hund, der auf ihn hatte aufpassen sollen, in einem Bach. Seine Mutter hatte ihn dort abgesetzt und war zurück zum Haus der Familie gelaufen, um zusammen mit ihrem Mann die Flammen zu bekämpfen. Beide kamen in dem Feuer um. Tom lernte Samuel als Erwachsenen kennen, da war er reich und in Feierlaune. Er hatte gerade ein Kupfervorkommen entdeckt und beging das Ereignis in dem Hotel, wo Tom mit seiner Gitarre auftrat. Er hatte die Taschen voller Geld und war von Freunden umgeben, aber eines Morgens wachte er auf, und alles Geld war weg. Arm, aber glücklich, konnte er endlich wieder losziehen und in der Wildnis Steine klopfen.

»Und Boychuck? Hat er auch Erz geschürft?«

Ich wusste genau, dass Boychuck eine Weile als Schürfer gearbeitet hatte, aber die Gelegenheit konnte ich mir nicht entgehen lassen.

Toms Augen blickten nun fast in dieselbe Richtung.

»Ted ist tot, meine Schöne, er ist letzte Woche gestorben. Wir haben ihn begraben, ich habe vom Schaufeln immer noch Blasen an den Händen.«

Blasen, so ein Unsinn! Die Hände der beiden Alten bestanden nur aus Hornhaut.

Ich konnte mir ein ungläubiges Grinsen nicht verkneifen, und das brachte die beiden auf die Idee, mir Boychucks Grab zu zeigen. Sie hofften, dass sie die ungebetene Besucherin auf diese Weise loswerden würden. Sie würden meine Neugier befriedigen, und dann tschüss. Niemand sprach es aus, aber es verstand sich von selbst.

Also zogen wir los, Tom, Charlie, ich und die beiden Hunde, denn Tom hatte auch einen Hund, einen blonden Labrador namens Drink, in Erinnerung an die klirrenden Eiswürfel.

Wir marschierten etwa hundert Meter am See entlang, bevor wir in den Wald abbogen und einen Weg einschlugen, der erst kürzlich gerodet worden war. Die Machetenspuren waren noch frisch, der Boden fast eben und weich wie ein Teppich.

Ein Hund kam uns entgegengelaufen. Ein merkwürdiges Exemplar, eine misslungene Mischung aus Husky und Labrador. Vor allem der Blick des Tiers war unheimlich, ein Auge stahlblau, das andere samtbraun. Ich hatte das ungute Gefühl, von einem dritten Auge im Stirnwirbel des Hundes fixiert zu werden.

»Das ist Kino, Teds Hund«, sagte Tom.

Als wir das Ende des Pfads erreichten, liefen die Hunde auf eine Hütte zu. Ringsum standen wie auf Charlies Lichtung mehrere andere Hütten. Das Camp war wunderschön gelegen. Das Gelände fiel zum See hin ab und war von dichtem Nadelwald bestanden, durch den das Sonnenlicht an diesem Morgen wie ein ruhiger Fluss dahinströmte. Auf der Lichtung herrschte eine majestätische Stille. Die schiefen Hütten inmitten der Bäume wirkten zerbrechlich. Ein Beobachtungsposten vor dem Bollwerk des Waldes und weiter unten der große See. Ich stellte mir vor, wie Boychuck jeden Morgen dort stand und die Aussicht genoss.

Die Stelle, die die beiden mir zeigten, konnte tatsächlich ein Grab sein. Auf einer Fläche von der Größe eines durchschnittlichen Mannes war die Erde aufgeworfen, aber nichts deutete darauf hin, dass dort eine Beerdigung stattgefunden hatte. Kein Kreuz, keine Inschrift, nichts zeugte davon, dass an diesem Ort ein Mensch seine letzte Ruhe gefunden hatte. Vor allem aber zweifelte ich daran, dass Boychucks Leiche dort lag, weil die beiden Alten jeden Respekt vermissen ließen. Sie zündeten sich eine Zigarette an und plauderten angeregt. Selbst als die Hunde sich auf dem frisch umgegrabenen Rechteck ausstreckten, reagierten sie nicht.

Es war Zeit zu gehen. Für mich gab es keinen Grund, länger zu bleiben. Bevor ich aufbrach, erkundigte ich mich noch, woran Boychuck gestorben war.

»An Altersschwäche«, antwortete Tom. »In unserem Alter stirbt man an nichts anderem.«

Die beiden verabschiedeten sich nicht richtig von mir. Als ich mich zu ihnen umdrehte, hoben sie nur kurz die Hand. Ich bog in den Trampelpfad ein, um zurück zu meinem Pick-up zu gehen. Chummy, der als Einziger so etwas wie Manieren hatte, begleitete mich zum Waldrand. Ich konnte noch schnell ein paar Fotos von ihm schießen, bevor Charlie den Hund zurückrief.

Auf dem Rückweg versuchte ich mir vorzustellen, was dem armen Charlie im Kopf herumging. Ich hatte ihm zugerufen, dass ich ihm bald die Bilder von seinem Hund vorbeibringen würde. Er hatte geglaubt, er wäre mich los, und nun wusste er, dass ich wiederkommen würde.

Auf dem Rückweg verfuhr ich mich. Die Wegbeschreibung des Hotelpächters war wirklich ungenau. Ich bog irgendwo falsch ab und stieß auf einen See, der im Sonnenlicht glitzerte, derselbe See, auf den meine neuen Freunde jeden Morgen blickten. Am Ufer entlang führte eine sandige Piste direkt zurück zu dem Hotel, von wo aus ich am Morgen losgefahren war.

Der Hotelpächter hatte mich angelogen. Er hatte mich einen großen Umweg nach Westen machen lassen, viele unnütze Kilometer, obwohl es diesen Weg weiter im Osten gab, der direkt zu Boychuck und seinen Gefährten führte.

Die alten Männer hatten einen Beschützer, jemanden, der die Fragen der Reisenden beantwortete, ihnen irgendwelchen Unsinn erzählte und sie in die Irre führte. Er war der Wächter der Einsiedelei. Dass die Männer ihr entbehrungsreiches Leben in der

Wildnis auf diese Weise verteidigten, rührte mich und machte mich neugierig. Boychuck hin oder her, ich wusste, dass ich wiederkommen würde.

Die Geschichte hat einen weiteren Zeugen, der bald am Ort des Geschehens eintreffen wird.

Die Leute schätzen ihn für gewöhnlich auf Anfang dreißig, dabei ist er über vierzig und hält sich für zwanzig. Er ist drahtig, trägt einen Pferdeschwanz und einen Ohrring. Wenn man in ihn hineinblicken könnte, sagen wir, in seinen Kopf, würde man auf eine Fülle von Ideen stoßen. Er ist ständig auf der Suche nach etwas Neuem.

Er fährt auf einem Quad am See entlang, einem ziemlich neuen Modell, einer Honda TRX 350, die einen Anhänger zieht. Als Charlies Hütte in Sicht kommt, hebt er wie immer den Blick zum Dach, um zu sehen, ob Rauch aufsteigt. So vergewissert er sich, dass Charlie noch da ist und dass er lebt.

Er kennt in der Gegend jeden Stein.

Im Winter kommt er seltener. Dann fährt er auf einem Schneemobil, einem Skandic, das einen starken Motor hat und den Tiefschnee nicht fürchtet. Manchmal gibt er auf dem zugefrorenen See Vollgas. Dann steht er aufrecht auf seinem Vollbluthengst, kurvt über die vom Wind gehärteten Schneewehen, fliegt von einer zur nächsten, erforscht das Nichts und das Gefühl, allem zu entkommen, vor allem sich selbst. Er berauscht sich an der Geschwindigkeit und der Kälte. Dann fährt er zu Charlies Hütte. Er hat die drei Rauchsäulen gesehen, die zum Himmel aufsteigen.

Auch er liebt die Freiheit, aber er ist kein Wächter.

Sein Name ist Bruno.

Zerknirscht erzählten sie mir von der Besucherin. Sie hatte sich als Fotografin vorgestellt. Aber erst überbrachten die beiden mir eine andere Nachricht: Ted war gestorben. Ich hätte es ahnen müssen, er war alt gewesen, allerdings hatte ich immer geglaubt, dass er zu alt zum Sterben wäre.

Er ist an Altersschwäche gestorben, versicherte mir Tom, und ich warf Charlie einen fragenden Blick zu. Jeder reagierte auf die Schwingungen des anderen. Wenn man wissen wollte, ob Tom die Wahrheit sagte, musste man Charlie ansehen. In Charlies Augen lag kein Misston. Ted war tatsächlich eines natürlichen Todes gestorben.

Wir wussten alle, was das bedeutete. Die drei Alten hatten einen Todespakt geschlossen. Ich sage absichtlich nicht »Selbstmord«, dieses Wort mochten meine betagten Freunde nicht. Es ist zu schwer und zu pathetisch für etwas, was sie nicht sonderlich beeindruckte. Das Einzige, was für sie zählte, war ein freies Leben und ein selbstbestimmter Tod, und deshalb hatten sie eine Vereinbarung getroffen. Sie hatten keinen feierlichen Eid abgelegt, mit Pathos konnten sie nicht viel anfangen, sie hatten einander bloß versprochen, dass sie einander nicht daran hindern würden zu tun, was getan werden musste, wenn einer von ihnen so schwer erkrankte, dass er nicht mehr laufen konnte, wenn er eine Last für sich selbst und die anderen wurde. Die Übereinkunft galt nicht für einen gebrochenen Arm oder eine verletzte Hand, schließlich kam auch ein Einarmiger noch gut zurecht. Aber im Wald gibt es nichts Wichtigeres als die Beine. Die Fort-be-we-gung, sagte Tom und betonte die Silben, als machte er bei jeder einen Schritt. Der Pakt besagte auch, dass sie einander notfalls helfen würden. Wenn einer von ihnen litt, würden die anderen nicht tatenlos zusehen.

Ich hatte erst vor kurzem von der Sache erfahren, durch einen Zufall, einen beiläufigen Kommentar, denn es war nicht ihre Art, Dinge an die große Glocke zu hängen. Wenn sie etwas Wichtiges zu sagen hatten, nuschelten sie es wie alles andere vor sich hin, vor allem Charlie, der die Zähne kaum auseinanderkriegte. Tom hingegen spielte den Alleinunterhalter, er machte aus allem einen Witz. Aber seinem Adlerauge entging nichts. Tom war derjenige, mit dem man reden konnte. Ted wiederum verlor sich im Gewirr seiner Gedanken, um ihm zu folgen, musste man sehr aufmerksam sein.

Unsere Gespräche fanden immer bei Charlie statt, weil Toms Hütte ein Saustall war. Stundenlang, manchmal auch tagelang, saßen wir um Charlies Tisch herum, spielten Karten und ließen unsere Gedanken sich selbst aussprechen.

Ted war an dem Tag nicht dabei gewesen, er gesellte sich nie zu uns, aber ich wusste, dass der Pakt auch für ihn galt.

»Um den Tod kümmern wir uns schon«, hatte Tom großspurig gesagt.

Es war Februar, draußen schneite und stürmte es – einer dieser Tage, an denen man in der Nähe des Ofens bleibt –, und eine Partie Poker war im Gang. Ich war zwei Tage zuvor angekommen. Im Winter besuchte ich meine Freunde seltener. Wenn ich mit meinen prall gefüllten Säcken eintraf, kam ich mir vor wie der Weihnachtsmann. Ich packte den Anhänger meines Schneemobils randvoll. Obst, Gemüse und Kuchen, Vitamine und etwas Süßes für meine Alten und dazu unentbehrlichere Dinge wie warme Jacken, lange Unterhosen, eine Kettensäge, eine Öllampe, manchmal auch Zeitungen. Es machte ihnen großen Spaß zu verfolgen, wie die Welt ohne sie zurechtkam.

Diesmal hatte ich ihnen einen benzinbetriebenen Eisbohrer mitgebracht, damit sie sich nicht mehr mit dem Eispickel abmühen mussten. Der Bohrer würde ihnen das Leben erleichtern, damit könnten sie im Handumdrehen ein Loch in den See kriegen und hätten immer frisches Wasser. Und Fische, fügte Charlie hinzu, der den Bohrer sofort auf einem nahe gelegenen See, in dem Hechte lebten, die so schwarz waren, dass sie bläulich schimmerten, ausprobieren wollte. Doch dann zog ein Schneesturm auf, und wir spielten zwei Tage lang Poker. Trotzdem war Charlie nicht von seinen schwarzblauen Hechten abzubringen.

»Morgen gehe ich angeln, ob es schneit oder stürmt oder tonnenweise Scheiße vom Himmel fällt«, sagte er und kündigte ein Full House mit Königen an.

»Und wer sammelt dich ein, wenn du mit verzerrtem Gesicht erfroren im Schnee liegst?«

Tom konnte nicht mithalten, er hatte nur ein Paar Buben.

»Keine Angst, ich werde mich bemühen, beim Sterben ein Lächeln auf den Lippen zu haben.«

Ich konnte auch nicht mithalten. Ich hatte nicht mal ein Paar, dafür aber diese dumme Frage:

»Bist du etwa lebensmüde, Charlie?«

Zu beiden Seiten des Tisches wurde geschwiegen und verschwörerisch gegrinst.

»Habt ihr beiden denn gar keine Angst vor dem Tod?«

Ich war wirklich bescheuert.

»Hol doch mal deine Salzdose, Charlie.«

Die Dose stand auf dem Regal über Charlies Bett, eine kleine runde Blechdose voller weißer Kristalle, die aussahen wie grobes Salz. Strychnin. Fuchsgift, erklärten sie mir, ein Überbleibsel aus ihrer Fallenstellerzeit. Das Zeug tötet einen Fuchs in drei Sekunden und einen Menschen in knapp zehn.

Jeder der drei hatte seine Salzdose, und für den Fall, dass einer von ihnen irgendwann Hilfe bräuchte, wussten alle, wo sich die Dosen der anderen befanden.

Ich hatte gedacht, ich wäre hart im Nehmen und mich könnte nicht mehr viel schocken, aber als Charlie und Tom über ihren eigenen Tod sprachen, als wäre das nichts anderes, als pinkeln zu gehen oder eine Laus zu zerquetschen, zog sich mir der Magen zusammen.

»Um den Tod kümmern wir uns schon«, sagte Tom großspurig.

Als er mein Unbehagen spürte, fügte er behutsam hinzu:

»Du bist noch jung, du verstehst das nicht.«

Charlie ließ ihn wie immer reden und schob dann hinterher:

»Ich habe schon ein zweites Leben geschenkt bekommen, ich wüsste nicht, was ich mit einem dritten anfangen sollte.«

Ich kannte Charlies Geschichte. Er hatte sie mir erzählt. Eine ziemlich ungewöhnliche Geschichte. Er war verheiratet gewesen, hatte zwei Kinder gehabt und als Briefträger gearbeitet. Am Wochenende fuhr er raus in den Wald und kümmerte sich um seine Fallen. Er war Fallensteller, das war das Problem. Heutzutage ist das kein Beruf mehr, nicht einmal mehr ein Hobby. Es ist barbarisch, abstoßend, eine

Ungeheuerlichkeit. Stellen Sie sich nur mal vor, da tötet jemand wilde Tiere und zieht ihnen das Fell ab! Die Nachbarskinder liefen ihm auf der Straße nach und beobachteten ihn durch das Kellerfenster, wenn er Häute gerbte. Er hörte sie hinter der Scheibe tuscheln, er hörte ihre Abscheu.

Nur im Wald war er er selbst. Wenn er draußen in der Natur tief durchatmete, empfand er sich als Teil von etwas Größerem, als Teil des Universums.

Als er älter wurde, begann er zu hoffen, dass er eines Tages in der Wildnis sterben könnte, wie ein Tier, ohne Trauergäste mit Leichenbittermienen, in der Stille des Waldes, der ihn als eines seiner Geschöpfe aufnehmen würde. Sein Geist würde sich mit den Geistern der Biber, Wiesel, Nerze, Füchse und Luchse vereinen, seinen wahren Gefährten.

Als der Arzt bei ihm akutes Nierenversagen diagnostizierte und drei Dialysebehandlungen pro Woche verschrieb, bot sich ihm die Gelegenheit zu einem würdevollen Abgang.

Charlie war damals bereits in Rente, die Kinder längst aus dem Haus und seine Frau finanziell abgesichert. Er ging zur Bank, zum Notar und dann zum Sterben in den Wald.

»Ich zog in meine Jagdhütte und wartete auf den Tod. Als er nicht kam, wurde mir klar, dass mir ein zweites Leben geschenkt worden war. Ich beschloss, von nun an nur noch so zu leben, wie ich es wollte.«

Er wartete eine weitere Woche und verließ dann seine Hütte, als wollte er nur schnell nach seinen Fallen sehen.

»Vermutlich hat man nach meiner Leiche gesucht, aber das Gebiet, in dem ich meine Fallen aufstellte, war riesig. Es konnte alles Mögliche passiert sein, ich konnte ertrunken sein oder irgendwo in einem Sumpf vor mich hin rotten. Ich nehme an, dass es kein Problem war, mich offiziell für tot erklären zu lassen.«

Und was war mit dem Nierenversagen?

»Ich pinkel einwandfrei. Ärzte sind keine Götter, sie machen Fehler wie alle anderen. Mein Arzt hat sich eben geirrt.«

Eines Tages kam Charlie mit Sack und Pack dort im Wald an, und Ted gestattete ihm, sich in der Nähe seines Camps eine Hütte zu bauen. Tom stieß ein paar Jahre später dazu. Offenbar fand Ted, die beiden Neuankömmlinge hätten das Zeug zum Überleben in der Wildnis, sonst hätte er ihnen wohl nicht erlaubt zu bleiben.

Ted war ein gebrochener Mann, Charlie ein Naturbursche und Tom ein Draufgänger. Die Tage vergingen, und sie wurden gemeinsam alt. Sehr alt. Sie hatten alles hinter sich gelassen. Keiner von ihnen wollte zurück in sein früheres Leben, sie wollten einfach morgens aufstehen, den neuen Tag begrüßen, der nur ihnen selbst gehörte, und sich von niemandem in irgendwas reinreden lassen.

Die drei waren eine eingeschworene Gemeinschaft, aber ihre Hütten standen so weit voneinander entfernt, dass jeder das Gefühl haben konnte, ganz allein auf der Welt zu sein. Jeder wohnte auf seiner eigenen Lichtung mit Blick auf den See. Von den Nachbarn sah man nichts, zwischen ihnen wuchs dichter Wald.

Charlies Camp war das ordentlichste. Es bestand aus vier Gebäuden: der Wohnhütte, dem Brennholzschuppen, dem Plumpsklo und dem Geräteschuppen. Bei ihm gab es kein Gerümpel, nirgendwo lag eine Schaufel oder Axt herum, während man bei Tom nach dem Ofenrohr Ausschau halten musste, um zu erkennen, in welcher der zugemüllten Bruchbuden er wohnte.

Weder Charlie noch Tom waren je in Teds Hütte gewesen. Sie hatten keine Ahnung, worauf sein Blick geruht hatte oder welche Spuren seine Gedanken an Wänden hinterlassen hatten. Ted hatte sich manchmal für Tage, Wochen oder Monate zurückgezogen. Im Winter bekamen sie ihn gar nicht zu Gesicht, und im Norden ist der Winter lang. Wenn die anderen seine Fußspuren im Schnee sahen, wussten sie immerhin, dass er seine Hasenschlingen überprüft hatte, und wenn sie frische Späne vor seinem Holzschuppen fanden, wussten sie, dass er seinen Vorrat an Kleinholz aufgefüllt hatte. Ihn selbst sahen sie nicht, bis er irgendwann wieder auftauchte.

Ich weiß nicht, ob man Ted als Künstler bezeichnen konnte, denn die Bilder, die wir in seiner Hütte fanden, waren eigentlich keine richtigen Gemälde. Jedenfalls vertrieb er sich die Wintermonate mit Malen, und deshalb erlaubte er mir auch, in seinem Wald Gras anzubauen.

Ich war auf Ted gestoßen, indem ich der Legende von Boychuck gefolgt war. Der Legende von dem Jungen, der durch die verbrannte Landschaft gewandert war, der Legende von dem Mann, der vor seinen Dämonen in den Wald geflohen war, einem der letzten Überlebenden des Großen Brandes von Matheson im Jahr 1916. Überall erzählten mir die Leute von ihm. Die Einwohner der Kleinstädte im Norden schwelgen gern in Erinnerungen. Man muss sich nur in einer Bar an den Tresen setzen, und spätestens nach zwei, drei Bierchen setzt sich jemand zu dir und erzählt dir alles, was du wissen willst. Man muss sich bloß die Zeit nehmen.

Eine offene Wunde, sagten die meisten Leute über Ted.

Steve sagte das auch.

Steve ist jemand, der mit der Welt abgeschlossen hat, er hat keinen Ehrgeiz und verfolgt keine großen Pläne. Er regiert über sein kleines Reich und lebt in den Tag hinein. Das Hotel gehört ihm nicht, aber der Besitzer hat es ihm zur Pacht überlassen. Genauso gut hätte er es leer stehen lassen können.

Ich mochte Steve auf Anhieb. Sein distanzierter Blick gefiel mir.

Wir waren bei unserem zweiten Joint. Steve war ein Anfänger, noch nie habe ich jemanden so gierig inhalieren sehen.

Wir verloren uns in der Langsamkeit, einem Gefühl, das ich sehr mag, und irgendwann sagte er, als hätten wir schon seit Stunden über nichts anderes gesprochen:

»Ich weiß den idealen Ort für dich.«

Ich hatte meine Anbaupläne mit keinem Wort erwähnt, aber wir wussten beide, warum ich da war. Ich war wohl kaum zum Blumenpflücken in diese gottverlassene Gegend gekommen.

»Der Ort ist ideal, aber der alte Mann wird nicht leicht zu überreden sein.«

Am nächsten Tag folgte ich der Wegbeschreibung, die er mir gegeben hatte. Die Sandpiste führte mich direkt zur Hütte des Alten.

Ted erwartete mich. Er kannte seinen Wald, so viel war sicher. Er musste das Federn meiner Turnschuhe auf dem Waldboden gehört haben. Er saß auf einem Baumstumpf vor seiner Hütte und tat so, als hinge er seinen Gedanken nach, aber er war auf der Hut. Vielleicht hätte ich sogar hören können, wie meine Schritte an sein Ohr drangen, aber ich hatte nur die Argumente im Kopf, mit denen ich ihn überzeugen wollte.

Ted hatte struppiges Haar und einen massigen Körper, er trug ein kariertes Hemd und eine Big-Bill-Hose und sah aus wie ein Einsiedler aus dem Bilderbuch, aber der Blick, den er mir zuwarf, sagte, dass er die Welt kannte und mehr als genug von ihr gesehen hatte.

Ich war damals noch ziemlich grün hinter den Ohren und er schon sehr alt. Das Gespräch versprach schwierig zu werden. Er kam mir kein Stück entgegen. Er ließ mich reden und sah zu, wie ich mich immer weiter verrannte. Zwischendurch wusste ich selbst nicht, was ich da eigentlich redete. Er saß stumm und reglos auf seinem Baumstamm, während ich mich in einen endlosen Monolog verstrickte. Irgendwann konnte ich mich selbst nicht mehr hören und verstummte.

Er maß mich mit einem langen Blick.

»Kann man machen«, sagte er.

Eitel wie ich war, gab ich mich kurz der Illusion hin, ich hätte ihn für meine Sache begeistert, er wäre dem Reiz des Verbotenen erlegen und freue sich über die Gelegenheit, der Welt, der er den Rücken gekehrt hatte, eins auszuwischen. Doch dann begriff ich, dass der alte Mann Geld brauchte. Die Verhandlungen waren knallhart.

Er wollte Leinwände, Marderhaar- und Schweineborstenpinsel, Leinöl aus der ersten Pressung und hochpigmentierte Farben. All das sollte ich bei Windsor & Newton kaufen, einem renommierten Geschäft, das natürlich sehr teuer war. Für ihn war das Zeug schlicht unbezahlbar. Bisher hatte er auf Sperrholzplatten gemalt, mit ausgefransten Pinseln und minderwertigen Ölfarben, die rasch verblassten. Steve war dafür zuständig, ihn mit Material zu versorgen, aber er fuhr immer nur zu der Eisenwarenhandlung in der nächstgelegenen Stadt, zweihundert Kilometer hin und zurück.

Ted malte also. Das war kein Geheimnis. Wenn wir ihn nach seinem Winterschlaf wieder zu Gesicht bekamen, waren seine Klamotten farbverschmiert. Ich wunderte mich immer über die vielen bunten Flecken. Bei mir bestellte er nämlich nur dunkle Farben. Kohlenschwarz, Aschgrau, Kalkgrau und ein undefinierbares Braun, das Umbra hieß. Keiner von uns wusste, was er malte.

Teds Camp lag zwischen Toms und Charlies. Jeden Morgen, wenn Tom den Ofen angeheizt und seine Bratkartoffeln mit Speck gegessen hatte, schaute er bei Charlie vorbei. Jeden Morgen passierte er Teds Hütte und sah zum Ofenrohr hoch. Und jeden Morgen sprachen er und Charlie als Erstes darüber, ob Teds Rauch schnurgerade aufstieg, sich kräuselte oder niedrig über der Hütte hing, weil der Ofen schlecht zog.

Der Rauch aus Teds Ofenrohr war der Beweis dafür, dass er am Morgen aufgestanden war, den Ofen angeheizt und sich Bratkartoffeln mit Speck gemacht hatte, dass er seine Gedanken vom Vortag weiterdachte und auch für ihn ein neuer Tag begann, ein neuer Tag als einsamer, aber lebendiger Mensch.

Auch ich hatte mir angewöhnt, immer erst zu den Ofenrohren hochzuschauen, schließlich musste ich jederzeit damit rechnen, dass der Tod meinen Freunden einen Besuch abstattete. Komischerweise hatte ich immer geglaubt, dass Tom als Erster sterben würde, obwohl er der Jüngste der drei war und noch ganz aufgewühlt von seinem bewegten Leben. Die jahrelangen Ausschweifungen waren nicht spurlos an ihm vorbeigegangen. Er hatte nur noch ein Auge, er humpelte und er geriet schnell außer Atem. Ich hatte immer gedacht, dass er nicht das Zeug zum Überleben in der Wildnis hatte, aber er schlug sich tapfer.

Charlie und Tom redeten über den Tod wie über das Wetter, daran musste ich mich anfangs erst gewöhnen:

»Schönes Wetter heute.«

»Ja, kein schlechter Tag zum Sterben.«

Sie fanden den Tod weder traurig noch schlimm, er war einfach nur eine Möglichkeit, die sie beiläufig erwähnten. Sie freuten sich, dass sie so alt geworden waren, dass die Welt sie vergessen hatte und dass sie in Freiheit lebten. Sie waren fest davon überzeugt, alle Spuren verwischt zu haben.

An diesem Tag waren Charlie und Tom wie immer damit beschäftigt, sich gegenseitig aufzuziehen.

»Na, Charlie, alter Freund? Ist heute ein guter Tag zum Sterben?«

»Noch so eine Nacht und ich überlebe den morgigen Tag nicht, so viel ist sicher. Aber ich will erst am Abend sterben. Mit Blick in die untergehende Sonne.«

»Morgen Abend also.«

»Ja, morgen Abend. Aber wenn der Tod zu lange auf sich warten lässt, verschiebe ich das Ganze lieber. Ich will nicht im Dunkeln sterben.«

»Nicht im Dunkeln, gut. Aber wenn du zu hohe Ansprüche stellst, wird der Tod dich nie wollen. Pass bloß auf, alter Freund, ehe du dich versiehst, bist du hundert, und das war's dann, dann bist du zu alt zum Sterben.«

An mich gewandt fügte Tom hinzu:

»Der sture Esel will einfach nicht abtreten.«

Darauf sagte niemand mehr etwas. Das war eigentlich nichts Ungewöhnliches, in unseren Gesprächen gab es oft Pausen, in denen jeder seinen eigenen Gedanken nachhing. Diesmal zog sich das Schweigen allerdings in die Länge. Es hing schwer in der verrauchten Luft.

Als Charlie sich über seine Teetasse beugte, mir einen verstohlenen Blick zuwarf und sich dann wieder mit seiner Teetasse beschäftigte, als hätte er ihr irgendetwas Wichtiges mitzuteilen, wusste ich, dass wir das Gespräch nicht einfach wiederaufnehmen und über das Wetter reden würden.

»Ted ist tot.«

Ich hätte damit rechnen können, schließlich musste es irgendwann so kommen. Trotzdem war ich nicht darauf vorbereitet. Aber das ist man wohl nie. Ich fühlte mich, als hätte man mir ein Messer in die Brust gerammt.

Ted war jemand, der für die Ewigkeit gemacht schien. Es konnte nicht sein, dass er wie jeder andere in seinem Bett gestorben war, ohne jede Vorwarnung außer einem Ofenrohr, aus dem kein Rauch mehr aufstieg.

Als sie ihn in seinem Bett fanden, trug er nur ein Unterhemd und eine lange Unterhose, und er war halb zugedeckt. Er lag ganz friedlich da, fügte Charlie rasch hinzu, er hatte keinen Schaum vor dem Mund.

»Keinen Schaum vor dem Mund, bist du sicher?«

Ich musste das fragen. Die Vorstellung, dass einer von ihnen an einer Strychninvergiftung starb, hatte mich immer gequält. Sie machten Scherze darüber, aber mir zerriss es das Herz.

»Er ist an Altersschwäche gestorben«, sagte Tom.

Charlie ergänzte, dass er sogar ein schwaches Lächeln auf den Lippen gehabt habe. Offenbar sei er froh gewesen, endlich gehen zu dürfen.

»Wenn ein Toter lächelt, ist das ein Geschenk an die Nachwelt.«

Ted, der im Tod lächelte, das war nur schwer vorstellbar. Zu Lebzeiten hatte ich ihn nie lächeln sehen.

Ich wollte wissen, wo sie ihn begraben hatten.

Also zogen wir los. Die Hunde liefen vorweg, gefolgt von Charlie, der lautlos wie ein Bär durch den Wald tapste, und Tom, der neben ihm herhinkte. Als Letztes kam ich. Fast hätte man meinen können, wir wollten an einem schönen Sommertag irgendwo einen Baum fällen, und Ted würde auf dem Baumstumpf vor seiner Hütte auf uns warten. Aber Ted würde nie mehr bei unseren Arbeitseinsätzen mitmachen. Für Ted gab es kein Bäumefällen mehr, keine Reparaturen an einer Hütte, keine Instandhaltung der Wege, keine Elchjagd. Teds Leiche lag lächelnd unter der Erde.

Auf seinem Grab sprossen bereits die ersten Grashalme. Wenn man Ted gekannt hatte, wirkte das umgegrabene Rechteck ziemlich klein. Ein paar Meter weiter stand seine leere Hütte, aus dem Ofenrohr kam kein Rauch. Unsere Gedanken wanderten zu der Hütte. Die Leiche, die irgendwo unter unseren Füßen lag, war bedeutungslos. Die Hütte war Teds Grabmal.

Wir mussten hinein. Ob wir ihm auf diese Weise die letzte Ehre erweisen wollten oder einfach nur neugierig waren, kann ich nicht sagen. Wir wollten sehen, was Ted all die Jahre vor Augen gehabt hatte, und die Gerüche riechen, in denen er gelebt hatte. Sehen, riechen, hören, fühlen. Wir mussten uns Teds Leben aneignen, um uns von ihm zu verabschieden.

Wir gingen durch die Tür, ich forsch vorweg, Tom und Charlie langsamer hinterher. Sie hatten die Hütte bereits betreten, um Teds Leiche herauszutragen, aber nun zögerten sie.

Auf den ersten Blick unterschied sich die Hütte nicht von Charlies: ein etwa zwanzig Quadratmeter großer Raum mit zwei gegenüberliegenden Fenstern. Unter dem rechten Fenster standen eine alte Emaillespüle und eine Arbeitsplatte aus mit Linoleum belegten Brettern. Daneben der Ofen, das Herz jeder anständigen Hütte. Weiter hinten, in einer dunklen Ecke, befand sich das Schlafzimmer, eine Matratze auf einem primitiven Holzgestell. Ungewöhnlich war, dass auch das Esszimmer in einer dunklen Ecke untergebracht war, ein grob gezimmerter Tisch und ein einziger Stuhl. Ted empfing keinen Besuch, das war bekannt. Vor dem linken Fenster, das nach Süden ging, stand eine selbstgebaute Staffelei mit einer Leinwand: eine graue Fläche, die mit schwarzen Strichen und einigen wenigen Farbklecksen übersät war. Die Farben waren schwer zu bestimmen. Rot, Orange oder Gelb, irgendetwas in der Richtung. Die Farbkleckse liefen ineinander, überdeckten sich, fraßen sich gegenseitig auf. Ich hatte das beklemmende Gefühl, auf eine Welt zu blicken, die sich in einem stummen Schrei auflöst.

An der Wand lehnten zwei weitere Bilder. Derselbe graue Grund mit einigen wenigen Farbklecksen. Wie ein Requiem, in dem plötzlich ein paar fröhliche Töne erklingen. Nichts wirklich Aufmunterndes, nichts, was eine Leiche zum Lächeln bringen könnte.

Wir besichtigten die anderen Hütten auf der Lichtung.

Wie bei Charlie gab es einen Feuerholzschuppen, einen Geräteschuppen und ein Plumpsklo. Weiter hinten stand noch eine Hütte. Sie hatte ein sehr viel stabileres Fundament und wirkte abweisend, da sie fensterlos war. Vor der Tür hing ein Vorhängeschloss.

Ein Vorhängeschloss mitten im Wald ist ein Unding, eine Beleidigung, fast ein Verbrechen. Ted wusste das, aber er hatte es trotzdem angebracht.

Wir brachen das Vorhängeschloss mit der Rückseite einer Axt auf. Im Inneren bot sich uns ein ungeheuerlicher Anblick. Der Schuppen war komplett mit Bildern vollgestellt. Alle ähnelten den drei Leinwänden in Teds Hütte. Hunderte von Gemälden lehnten aneinander, und wieder war da dieser Eindruck von einer Welt in Auflösung, dieser stumme Schrei.

In der Mitte der Hütte blieb ein etwa ein Meter breiter Gang frei. Durch die offene Tür fiel Licht auf den schmalen Streifen Boden.

Dort standen wir nun, Tom, Charlie und ich, und

fragten uns, was wir mit den Bildern anfangen sollten.

Tom war der Meinung, wir sollten die Hütte einfach sich selbst überlassen.

»In ein paar Jahren wird das alles wieder zu Erde.«

Charlie war anderer Meinung.

»Ted hat die Bilder doch nicht gemalt, um Kompost zu produzieren.«

Ich wusste nicht, was ich denken sollte, ich war völlig verwirrt. Diese Gelegenheit nutzten die beiden, um mir die zweite Neuigkeit mitzuteilen.

»Wir hatten eine Besucherin.«

Sie machten schuldbewusste Mienen.

Ich auch.

Auch ich musste ihnen von einer Besucherin berichten.

Kommen wir zum dritten Zeugen der Geschichte, Steve, dem Mann, der mit der Welt abgeschlossen hat. Er ist der Pächter eines Hotels, das es längst nicht mehr geben dürfte. Das ist seine Form der Freiheit. Ein unbefestigter Weg, der eine einsame Straße kreuzt, führt zu dem Hotel. Dahinter kommen nur noch Wald und Braunkohle, der Brennstoff der Armen, um den sich niemand schert. Wer nicht gerade wie die Fotografin den Klang der Trostlosigkeit liebt, hat das Gefühl, dass die Zeit dort dehnbar ist und der Ort keine Wirklichkeit hat.

Steve ist um die fünfzig, vielleicht auch etwas jünger. Im Grunde ist er alterslos. Er nimmt die Reisenden in Empfang, die sich in die Gegend verirren. Das ist seine Aufgabe.

Eins muss man über Steve und Bruno wissen: Sie lieben das Verbotene. Ihre Freundschaft beruht darauf, dass sie sich beide gern auf der dunklen Seite wähnen, auf unsicherem Terrain, an einem gefährlichen Ort, den niemand außer ihnen kennt. Das ist ihre Form der Freiheit.

Steve ist groß und schlaksig, in seinem Blick liegt eine gewisse Spannung, mit diesem Blick hält er andere auf Abstand, aber wenn man ihm etwas Zeit lässt und ihm länger in die Augen schaut, fasst er Vertrauen. Er mag nichts lieber, als mit den Fremden, die der Zufall zu ihm führt, zu plaudern, auch wenn er gern das Gegenteil behauptet.

Bruno ist jünger und geschmeidiger als er, er hat sich noch nicht von der Welt verabschiedet. Er hat überall Freunde. Er kommt und geht, er ist immer in Bewegung. Er ist der Rastloseste derjenigen, von denen diese Geschichte erzählt.

Steve und Bruno werden einmal mehr ihre Gabe für das Verbotene unter Beweis stellen müssen, denn bald kommt eine zweite Besucherin des Weges, eine Besucherin, die eine neue Identität braucht. Mehr noch, sie braucht ein neues Leben.

Steve

Anfangs sah ich nur einen weißen Fleck hinter der Windschutzscheibe. Es war ihr Haar, so dünn, dass ich es als helle Wolke, als weißes Licht wahrnahm. Unter dem leuchtenden Schopf blinzelten mir zwei verängstigte schwarze Augen entgegen. Sie selbst versank in der Sitzbank, ich bemerkte sie zunächst gar nicht.

Als ich das Motorgeräusch von Brunos Kombi hörte, trat ich vor die Tür und schaute ihm entgegen. Der weiße Fleck hinter der Windschutzscheibe konnte auf die Entfernung alles Mögliche sein. Bruno fuhr immer irgendwelches Zeug durch die Gegend: Werkzeug, Baumaterial, Kleider, Geschenke für unsere Alten im Wald.

Erst als er neben mir hielt, erkannte ich, dass der weiße Fleck das Haar einer alten Frau war.

Bruno begrüßte mich wie immer, indem er sich mit zwei Fingern an die Mütze tippte. Auf diese Weise bedeutete er mir, dass alles in Ordnung war, aber an seinen Bewegungen sah ich, dass irgendetwas nicht stimmte. Er sagte kein Wort und lieferte mir keine Erklärung, seine ganze Aufmerksamkeit galt der in der Sitzbank versunkenen alten Dame, die sich mit großen schwarzen Augen umschaute. Sie war offensichtlich heilfroh, angekommen zu sein, aber auch völlig verängstigt.

Bruno öffnete behutsam die Fahrertür, schloss sie geräuschlos, schlich auf Samtpfoten zur Beifahrertür, was ihm überhaupt nicht ähnlich sah, und öffnete sie vorsichtig. Die alte Dame kletterte umständlich von der Sitzbank. Wer war die Frau? Zuerst dachte ich, sie wäre eine der Exfrauen. Unsere Alten hatten ein bewegtes Leben hinter sich. Ich dachte vor allem an Charlie, der ordnungsgemäß verheiratet gewesen war. Vielleicht wollte die Ehefrau ihn ja wiederhaben.

Die alte Dame war ungefähr so groß wie ein zwölfjähriges Kind und wirkte zerbrechlich wie eine Porzellanpuppe. Selbst ihre Bewegungen waren winzig. Sie nahm den Arm, den Bruno ihr bot, und ging mit Mäuseschritten auf das Hotel zu, das ich immer noch das Hotel des Libanesen nannte, auch wenn nicht mehr viel davon übrig war. Von dem Besitzer hatte ich seit Jahren nichts gehört.

»Das Gepäck«, sagte Bruno und wies mit dem Kopf auf den Rücksitz. Ich zog eine braune Reisetasche aus dem Durcheinander, zur großen Erleichterung der alten Dame, die mir mit dem Blick folgte.

Nach einer halben Ewigkeit erreichten wir den großen Saal. Ich muss zugeben, dass der Saal beeindruckend war. Die wenigen Gäste, die herkamen, blieben für gewöhnlich auf der Schwelle stehen und sahen sich eingeschüchtert um. An den Wänden hingen Jagdtrophäen, die noch von dem Libanesen und seinen Freunden stammten: Elchgeweihe, ein Bärenkopf mit aufgerissener Schnauze, ein Luchs, ein Wolf mit allem Drum und Dran, Krallen, Fell und wildem Blick. Die Exponate waren ungeheuer lebensecht. Ich hatte sie nicht abgehängt.

Nun ließ die alte Dame, die ganz und gar nicht wie eine Raubtierbändigerin aussah, den Arm ihres Beschützers los und tippelte vorsichtig auf das furchterregendste Exemplar meines Bestiariums zu, einen strohblonden Luchs mit weit aufgerissenem Maul, der zum Sprung ansetzte. Die ausgestreckten Vorderpranken schienen jeden zerfetzen zu wollen, der sich in seine Nähe wagte. Die alte Dame stellte sich unter den Luchs, ihr luftiges Haar schwebte neben den Hinterpfoten. Dort stand sie eine Weile, ohne sich zu bewegen. Dann drehte sie sich zu uns um. Auf ihrem runzeligen Gesicht lag eine Mischung aus Angst und Faszination. Mit einem dünnen Finger deutete sie auf die ausgestopfte Bestie. Sie hatte keine Ahnung, was das war.

»Das ist ein Luchs, Tante. Kommen Sie, setzen Sie sich, ich koche Ihnen einen Tee.«

Tante?

Bruno führte sie zu einem Schaukelstuhl am Fenster, stellte ihre Tasche daneben ab und verschwand in der Küche. Ich folgte ihm. Er war mir eine Erklärung schuldig.

»Wen hast du mir denn da angeschleppt?«

»Ich weiß auch nicht, was mich geritten hat.«

»Ist sie wirklich deine Tante?«

»Ja. Die Schwester meines Vaters. Bis vor einem Jahr wusste ich nicht mal, dass sie existiert. Niemand wusste von ihr.«

»Aber warum hast du sie hergebracht?«

»Ich weiß auch nicht. Du musst mir helfen.«

Er war nervös, seine Bewegungen fahrig. Er wollte ihr ein Sandwich zubereiten und suchte im Schrank nach dem Schinken, unter der Spüle nach dem Brot, seine Hände flatterten hierhin und dorthin und griffen wahllos nach den Dingen.

»Und wie heißt sie?«

»Gertrude.«

»Das ist nicht dein Ernst?«

»Doch, aber sie braucht einen neuen Namen.«

Nun war ich beruhigt. Die alte Dame benötigte neue Papiere, darum ging es also, nicht um irgendwas Kompliziertes. Charlie und Tom hatten wir auch schon neue Identitäten verpasst. Ihre alten Namen hatte ich längst vergessen. Nur Ted hatte keinen neuen Namen gebraucht. Er floh vor niemandem außer sich selbst.

Bruno war für die Papiere zuständig, die echten und die gefälschten. Er war unser Außenminister. Ich und die drei Alten, wir kümmerten uns um die Grasplantage. Das Arrangement funktionierte hervorragend, seit fünfzehn Jahren hatte niemand bei uns herumgeschnüffelt. Manchmal verirrte sich ein Reisender, Jäger oder Angler in mein Hotel. Die Leute waren auf der Suche nach der Wildnis, nach unberührter Natur, in die noch nie ein Mensch seinen Astronautenfuß gesetzt hatte. Ich schickte sie nach Westen. Dort gab es genug alte Forstwege, um sie zu beschäftigen, da konnten sie ewig im Kreis fahren. Dann waren da noch die Nostalgiker der Großen Brände, Teds Fanklub, all die Biografienschreiber und Hobbyhistoriker mit ihren Aufnahmegeräten, Kameras und Aktentaschen voller Papiere. Sie befragten mich stundenlang und fuhren dann wieder ab, erleichtert, dass sie nicht tiefer in den Wald vordringen mussten. Sie gaben sich mit dem zufrieden, was ich ihnen erzählte. Nur die Fotografin war ich nicht losgeworden, eine große, kräftige Frau. Ich musste Bruno bei Gelegenheit von ihr erzählen.

Aber erst einmal mussten wir uns um die alte Dame im Saal kümmern.

»Was hat sie denn verbrochen? Hat sie jemanden umgebracht?«

»Klar, sie ist eine Axtmörderin. Sieht man das nicht?«

Für ein vernünftiges Gespräch war es also noch zu früh.

Als wir zurück in den Saal kamen, war die Alte im Schaukelstuhl eingeschlafen. Das Kinn war ihr auf die Brust gesunken, ihre Hände ruhten im Schoß. Sie brachte den ganzen Saal zum Leuchten.

Wir wichen langsam zurück, schlichen auf Zehenspitzen aus dem Saal und schlossen unendlich langsam die Tür, weil die Angeln furchtbar quietschten. Sie hatten schon lange keinen Tropfen Öl mehr gesehen. Draußen sahen wir uns erstaunt und leicht verlegen an. Wir erkannten uns selbst nicht wieder.

Bruno musste mir endlich erklären, was die alte Frau hier zu suchen hatte. Wenn sie nur falsche Papiere brauchte, hätte er sie nicht herbringen müssen. Also war die Sache komplizierter.

Tatsächlich war die Sache viel komplizierter, als ich gedacht hätte. Gertrude, die mit unserer Hilfe bald zu Marie-Desneige werden würde, blickte auf eine lange Vergangenheit zurück. Als Bruno sie zu mir brachte, war sie zweiundachtzig Jahre alt, aber ihre Geschichte begann sechsundsechzig Jahre früher, als ihr Vater sie in die Psychiatrie einweisen ließ. Da war sie sechzehn.

Es war eine schlimme Geschichte, und je länger Bruno erzählte, desto schlimmer wurde sie. Ich unterbrach Bruno mehrmals, um zu sagen, wie schrecklich das alles war, und er stimmte mir zu, ja, es war schrecklich. Er erzählte immer weiter, die Geschichte machte ihn traurig, aber er musste sie loswerden.

Wir konnten nicht fassen, was man Marie-Desneige angetan hatte.

Bruno wusste nicht, warum sie in die Psychiatrie gekommen war. Im Grunde wusste man in Brunos Familie nichts von ihr. Niemand hatte überhaupt von ihr gewusst. Erst nach dem Tod von Brunos Vater tauchte in seinen Unterlagen ein Brief auf, in dem Gertrude ihren Bruder anflehte, sie aus der Hölle, in der sie lebte, zu befreien. Als sie den Brief schrieb, war sie siebenunddreißig Jahre alt. Er war auf den 15. Mai 1951 datiert und trug den Briefkopf des *Ontario Hospital*. Die Adresse, Queen Street West Nummer 999, stand für die Tragik eines ganzen Lebens. Die Provinz Ontario schob ihre Geisteskranken in die Queen Street West Nummer 999 in Toronto ab, das war allgemein bekannt.

Es gab nur diesen einen Brief. Die Frau, die den Brief mit »Deine Schwester Gertrude« unterschrieben hatte, hinterließ keine weiteren Spuren. Der Brief blieb unbeantwortet.

Es war schrecklich, anders konnte man das nicht nennen, ich unterbrach Bruno immer wieder, das ist ja schrecklich, und er nickte, ja, es ist schrecklich, dabei war mein Vater ein guter Mensch, er erzog uns zu Mitgefühl und Hilfsbereitschaft, aber nur, wenn es vernünftig war, ja, das beschreibt meinen Vater gut, er war immer unglaublich vernünftig, und deshalb hatte er wohl auch Angst vor seiner Schwester, die angeblich verrückt war. Ich sage »angeblich«, weil sie nicht verrückt ist, das schwöre ich, die Frau ist völlig klar im Kopf.

»Sechsundsechzig Jahre in der Klapse, das hört sich nicht gerade vernünftig an.«

»Ist es auch nicht. Aber man muss meinen Vater verstehen.«

Sein Vater, seine Onkel und Tanten, sein Großvater, alle älteren Familienmitglieder hatten sich schuldig gemacht. Sie hatten ein Leben zerstört. Aber Bruno konnte nicht anders, er nahm seine Familie in Schutz.

»Man muss das verstehen. Die Unwissenheit war damals groß. Die Leute hatten Angst vor allem, was sie nicht verstanden. Es waren andere Zeiten.«

Es sah Bruno gar nicht ähnlich, die Fehler der Vergangenheit zu entschuldigen. Im Grunde sah ihm nichts von dem, was er an diesem Tag tat oder sagte, ähnlich. Er war nervös, seine Hände schwirrten durch die Luft. Er war mit den Gedanken woanders, bei seiner Tante im Saal. Bruno stand mit dem Rücken zum Fenster und konnte nicht sehen, was ich sah. Es war faszinierend. Die weiße Wolke auf der Brust der alten Dame brachte tatsächlich den ganzen Saal zum Leuchten.

»Schläft sie noch?«, erkundigte sich Bruno immer wieder.

»Sie schläft, mach dir keine Sorgen. Erzähl weiter.«

Er musste mir endlich erklären, warum er die Tante hergebracht hatte und was er mit ihr vorhatte. Das Problem war nicht, sie unterzubringen, es gab noch ein paar bewohnbare Zimmer, in einem hatte die Fotografin geschlafen, sehr gut sogar, wie sie mir am nächsten Morgen versicherte, nein, das eigentliche Problem war ein anderes. Ich wartete, dass Bruno weitersprach.

Der Brief war also unbeantwortet geblieben. Es musste erst ein Mensch sterben, damit er entdeckt wurde.

»Meine Mutter«, sagte Bruno, und da wusste ich, dass wir in Schwierigkeiten waren, denn Bruno hatte kein gutes Verhältnis zu seiner Mutter.

Seiner Mutter ging der Brief sehr zu Herzen. Er war elegant formuliert und enthielt keinen einzigen Rechtschreib- oder Grammatikfehler. Auch die Handschrift war bemerkenswert, anmutig, mit sanften Schwüngen und geraden Aufwärtslinien, und das, obwohl die Frau mit sechzehn in die Psychiatrie gekommen war.

Der fehlerfreie Brief hatte Brunos Mutter tief beeindruckt, und sie setzte Himmel und Hölle in Bewegung, um die unbekannte Verwandte zu finden. Vor allem der Konjunktiv ließ ihr keine Ruhe. Seine Mutter hatte dreißig Jahre als Lehrerin gearbeitet und war erschüttert von Sätzen wie: »Ich hätte mir nie denken lassen, dass Ungerechtigkeit so schmerzen könnte.«

Schließlich spürte sie die Schwägerin in einem Vorort von Toronto auf, in einem Heim mit rund fünfzig Bewohnern: Zurückgebliebene, Geisteskranke und Verrückte, man machte da keinen Unterschied. Es waren Menschen, die niemand wollte und für die sich niemand interessierte, Menschen, die ihr ganzes Leben in verschiedenen Anstalten verbracht hatten. Als sie alt wurden, wusste man nicht, wohin mit ihnen, also schob man sie in dieses Haus ab: zwei Bewohner pro Zimmer, ein Aufenthaltsraum mit plärrendem Fernseher, drei Mahlzeiten pro Tag.

Als Bruno weitererzählte, begriff ich, wie wütend er war. Seine Mutter hatte es nämlich nicht dabei belassen. Nachdem sie ihrer Schwägerin einen ersten Besuch abgestattet hatte, beschloss sie, sich um die Arme zu kümmern. Das waren ihre eigenen Worte: »Ich kümmere mich ein bisschen um die Arme.« Sie schrieb Briefe, schickte kleine Geschenke, rief an Weihnachten, Ostern und zu ihrem Geburtstag an, spielte sich als Wohltäterin auf und erzählte mit mitleidiger Stimme von ihrem Schützling: Ich habe gerade einen Brief an Gertrude geschrieben, sie ist so allein. Sie gefiel sich in der Rolle der aufopferungsvollen Retterin, aber sie wollte nicht dafür gelobt werden. Leider kann ich ja nicht viel für sie tun, sie war über sechzig Jahre lang eingesperrt, sie kennt es nicht anders, das Leben draußen würde sie nicht verkraften, man kann ihr nur die letzten Jahre ein wenig verschönern.

Als Brunos Mutter nicht mehr wusste, wohin mit all ihrer Fürsorge und Güte, lud sie die Schwägerin zu sich nach Hause ein. Da ihre Kinder lange ausgezogen waren, hatte sie genug leere Zimmer und freie Zeit. Aber nur für ein paar Tage, sonst wird es der Armen zu viel!

»Sie wollte sich nur wichtig machen.«

Das war das Schlimmste, was jemand in Brunos Augen tun konnte, und seine Mutter war eine unerträgliche Wichtigtuerin, die barmherzige Samariterin spielte.

Ich fand ihn ungerecht. Seine Mutter hatte auf einen Hilfeschrei reagiert, den sein Vater ignoriert hatte, und nun musste sie sich auch noch von ihm beschimpfen lassen. Ich fand sein Urteil zu hart, und das sagte ich ihm auch.

»Sie wollte einfach nur was zu tun haben. Ihr war langweilig, also organisierte sie zu Ehren der lang verschollenen Verwandten ein Fest. So konnte sie die ganze Familie einladen und alle bekochen. Hinterher wollte sie die verrückte Tante wieder zurück ins Heim schicken, aber da gab es ein kleines Problem.«

Das Problem war ein Blick aus großen schwarzen Augen, der Bruno traf, als sich Onkel, Tanten, Cousins und Großcousinen im Wohnzimmer zusammendrängten. Ein langer Blick quer durch den Raum, der Brunos Ohr galt.

»Als sich die ganze Verwandtschaft um sie scharte, waren alle überrascht, wie klar die Tante im Kopf war. Jeder wollte seinen Senf dazugeben, und die Empörung war groß. Ich habe bei dem ganzen Zirkus nicht mitgemacht. Aber wenn eine alte Frau, die in der Klapse lebt, dir so einen Blick zuwirft …«

Der rebellische Neffe setzte sich neben die Tante, und als er sich zu ihr drehte, begriff er, warum sie ihn quer durch den Raum angestarrt hatte.

»Sie war fasziniert von meinem Ohrring.«

Die Tante zeigte mit dem Finger auf Brunos Ohrläppchen und sagte in vertraulichem Ton: »Du hast dich geirrt, mein Junge. Du bist kein Mädchen.« Er antwortete in demselben Ton: »Sie haben recht, Tante Gertrude, aber heute Morgen beim Aufwachen war ich mir plötzlich nicht mehr sicher.« Sie ging auf das Spiel ein: »Das kenne ich gut. Morgens vergisst man manchmal, wer man ist.« Da mussten sie beide lachen.

Wegen dieses kurzen Austauschs und anderer gemeinsamer Momente – an jenem Tag lachten sie noch häufiger über irgendeine Kleinigkeit, die nur sie beide bemerkten – blieb Bruno bis zur Abreise der Tante bei seiner Mutter. Die Mutter verstand die Welt nicht mehr. Ich verstand ihn gut. Seine Tante war anders, sie lebte in ihrer eigenen Welt, und Bruno mag eigene Menschen.

»Sie sieht Dinge, die andere nicht sehen.«

Nach drei Tagen lachte seine Tante allerdings nicht mehr. Am nächsten Morgen sollte sie zurück ins Heim, und sie verfolgte mit finsterem Blick, wie Bruno und seine Mutter ihre Tasche packten. Dieser Blick war neu. In ihm loderte eine unbändige Wut, und Bruno spürte, dass seine Tante kurz davor war, ihm und seiner Mutter die Wut ins Gesicht zu schleudern. Aber sie tat es nicht, sie unterdrückte die Wut, seit sechsundsechzig Jahren unterdrückte sie die Wut, sie wusste, dass Wut böse war, sie wusste, dass sie die Wut nicht herauslassen durfte, weil sie sonst bestraft würde, und in diesem Moment waren Bruno und seine Mutter diejenigen, die sie bestrafen und ihr weh tun konnten. Sie sah Bruno an, und in ihren Augen flackerte der Zorn über ihre Hilflosigkeit. Sie sagte: »Ich will nicht dahin zurück.«

»Das war gestern. Es kommt mir vor, als wäre es hundert Jahre her. Was hättest du denn an meiner Stelle getan?«

Ich hätte dasselbe getan, Bruno, ich hätte genau dasselbe getan, ich hätte meine alte Tante auch nicht zurück in die Klapse gebracht, aber trotzdem hatten wir jetzt ein Riesenproblem. Durchs Fenster sah ich, wie das Problem sich zu rühren begann.

»Und was ist mit deiner Mutter?«

»Das habe ich geregelt.«

Seine Mutter war nicht misstrauisch geworden, als er angeboten hatte, die Tante zurück nach Toronto zu bringen. Bruno hatte sich ja selbst nichts dabei gedacht, er wollte bloß noch ein wenig Zeit mit seiner Tante verbringen.

»Ich hatte wirklich nichts anderes vor, das schwöre ich. Unterwegs ist es dann einfach passiert.«

Auf dem Weg in den Süden beobachtete er, wie seine Tante immer tiefer im Sitz versank, wie sie sich in ihr Innerstes verkroch. Sie erinnerte ihn an ein kleines Tier in einem Käfig, aber sie sagte kein Wort, in all den Stunden nicht ein einziges Wort, und plötzlich, als hätte er die Entscheidung längst getroffen, drehte er um und fuhr zurück.

»Du hättest sehen sollen, wie sie da gestrahlt hat!«

Erst in dem Moment begriff er, dass er nach Norden fuhr, um seine Tante zu mir zu bringen. Wie es weitergehen sollte, wusste er genauso wenig wie ich.

»Aber was ist mit deiner Mutter?«, beharrte ich, weil ich fand, dass das schon ein Problem war.

»Mach dir keinen Kopf, darum habe ich mich gekümmert.«

»Und was ist mit dem Heim in Toronto? Die Pfleger werden irgendwann die Polizei rufen.«

»Das regel ich schon. Ich habe einen Plan.«

Die Tante war jetzt wach. Ihr weißer Schopf drehte sich hin und her und verströmte sein helles Licht. Die Geschichte der alten Frau ging mir sehr nah.

Wir kehrten in den Saal zurück. Sie blickte uns entgegen und lächelte wie ein Kind, das sich verlaufen hat. Bruno brachte ihr das Sandwich und einen Tee und verkündete, sie solle sich keine Sorgen machen, er werde sich um alles kümmern. Heute Nacht werde sie hier im Hotel schlafen – er machte eine ausladende Geste – und morgen würden sie weitersehen.

Brunos Geste galt den hohen Decken, der Wandvertäfelung, dem Dielenboden mit den Intarsien, der breiten Treppe, die in den ersten Stock führte, all dem dunklen Eichenholz, das unter einer dicken Staubschicht verschwand. Das Hotel hatte schon bessere Tage gesehen, aber das schien die alte Dame nicht zu stören.

Wir quartierten sie in dem grünen Zimmer ein, wo schon die Fotografin ein paar Tage zuvor übernachtet hatte. Ich wollte sie Bruno gegenüber erwähnen, aber der Gedanke ging mir wieder verloren.

Brunos Tante liebte die Stille des Zimmers. Genau so sagte sie es: »Ich liebe die Stille des Zimmers.«

Wir packten ihre Tasche aus. Viel hatte sie nicht dabei, ein paar Toilettenartikel, Medikamente, sehr viele Medikamente, und einige altmodische Kleidungsstücke, unter anderem ein scheußlicher fliederfarbener Morgenmantel. Bruno schnitt eine Grimasse und hängte ihn auf einen Bügel.

»Möchten Sie vielleicht einen neuen Morgenmantel, Tante Gertrude? Einen flauschigen rosa Bademantel?«

Einen flauschigen rosa Bademantel!

Wir würden uns also um sie kümmern. Seltsamerweise beunruhigte mich die Vorstellung nicht, vielmehr war ich erleichtert, und das war wiederum beunruhigend.

Wir überließen die Tante der Stille ihres Zimmers und gingen nach unten in den großen Saal, um einen Joint zu rauchen und zu reden. Zumindest dachte ich das, denn neben dem Tantenproblem gab es da auch noch das Fotografinnenproblem. Ich musste Bruno endlich von ihr erzählen. Außerdem wollte ich mit ihm über Darling reden, meine Hündin.

In der Wildnis lebt man nicht ohne Hund. Ted, Charlie, Tom und ich, wir alle hatten einen Hund, einen treuen Gefährten, der uns überallhin folgte, uns zuhörte und uns verstand. Wenn du das Gefühl hast, ganz allein auf der Welt zu sein, ist es ungemein tröstend, wenn dir dein Hund seine Nase zwischen die Beine schiebt. Ich schlief oft mit Darling in einem Bett. In meinem Büro wurde es nachts verdammt kalt, aber ich übernachtete nie woanders. Ich hätte ein Zimmer im ersten Stock beziehen können, aber ich war es nicht anders gewohnt. Zu Zeiten des Libanesen hatte ich im Büro geschlafen, und so hielt ich es auch, nachdem er sich aus dem Staub gemacht hatte.

Mich beunruhigte allerdings, dass Darling nicht gebellt hatte, als die Fotografin aufgetaucht war. Sie hatte keinen Mucks von sich gegeben, nicht einmal leise geknurrt. Stattdessen war sie auf die Frau zugelaufen und hatte sich an ihr Bein geschmiegt. Den ganzen Abend lang war sie ihr nicht von der Seite gewichen. Die Frau wusste, wie man mit Hunden umgeht.

Darling sollte anschlagen, sobald ein Fremder sich dem Hotel näherte. Das ist die Aufgabe eines jeden guten Hundes, aber in unserem Fall war es noch wichtiger, wegen der Grasplantage und wegen Tom und Charlie. Ted hatte außer von Hobbybiografen und Möchtegernhistorikern von niemandem etwas zu befürchten, aber Tom und Charlie konnten jederzeit von ihrem alten Leben eingeholt werden. Jerry, der Hotelbesitzer in der nächsten Stadt, an dessen Adresse Tom und Charlie ihre Rentenschecks schicken ließen, rief mir regelmäßig in Erinnerung, dass unser Treiben illegal war, um einen höheren Anteil rauszuschlagen. Zum Glück hatte Jerry selbst genug Dreck am Stecken. Nur Leute mit einem reinen Gewissen waren gefährlich. Jemand wie die Fotografin. Wie konnten wir uns sicher fühlen, wenn Darling bei Leuten mit einem reinen Gewissen nicht mehr anschlug?

All das wollte ich mit Bruno besprechen. Wenn ich damals schon gewusst hätte, dass Ted tot war, hätten wir natürlich auch darüber geredet. Im Grunde hätte ich spüren müssen, dass er nicht mehr da war. Ted war unser Vorbild, die gute Seele dieses Orts, er inspirierte uns, und wir bewunderten ihn. Natürlich kannten wir seine Geschichte. Er war der Junge, der durch die rauchenden Trümmer geirrt war. Der Mann, der plötzlich irgendwo auftauchte und ebenso plötzlich wieder verschwand. Ted war eine offene Wunde. Eine Legende. Als Ted nicht weit von dem Hotel seine Hütte gebaut hatte, begriff der Libanese, dass die Eisenbahn niemals herführen würde. Wenn Mister Boychuck sich irgendwo niederlässt, ist der Ort dem Untergang geweiht. Er überreichte mir den Schlüssel zu dem Hotel und suchte anderswo sein Glück.

Wir rauchten unseren Joint, aber wir redeten nicht. Bruno hatte es eilig. Er wollte zu unseren alten Freunden, denn er hatte einen Plan. Bei ihnen im Wald würde er erfahren, dass Ted tot war.

Die Geschichte kommt allmählich in Gang. Nördlich des neunundvierzigsten Breitengrads geschieht alles etwas langsamer. Jeden Morgen hieven Tom und Charlie ihre müden Knochen aus dem Bett, strecken die schmerzenden Glieder, tappen zum Ofen, entzünden ein Feuer und braten sich Kartoffeln mit Speck. Dann sitzen sie am Fenster und begrüßen den neuen Tag. Ob die Sonne scheint oder es schneit, es ist ein schöner Moment, denn es gibt immer etwas zu beobachten, den Schnee, die Sonne, den Wind, eine Hasenspur, eine vorbeifliegende Krähe, das erwachende Leben, nichts, was sie nicht kennen.

Nach den Bratkartoffeln mit Speck und dem gezuckerten Tee kommt die erste Zigarette und mit ihr der erste richtige Gedanke des Tages. Vorher tut sich nicht viel in ihrem Kopf. Sie brauchen den Nikotinstoß, damit ihr Gehirn in Gang kommt.

Seit Boychucks Tod gilt der erste Gedanke des Tages ihrem alten Gefährten. Die Gemälde, auf die sie in der Hütte mit dem Vorhängeschloss gestoßen sind, lassen ihnen keine Ruhe.

Charlie ist bei seiner zweiten Zigarette und wartet auf Tom und ihr morgendliches Gespräch. Tom geht zum Ofen und legt Holz nach, verlässt seine Hütte, kommt an Teds Camp vorbei, bleibt stehen, denkt über die Gemälde nach, die wie Mumien vor sich hin dämmern, setzt seinen Weg fort. Er fragt sich, was Charlie wohl sagen wird, denn auch Charlie war dort gewesen, allerdings am Abend zuvor. Jeder hat seine eigene Tageszeit.

»Warum hat er all die Bilder gemalt?«

»Vielleicht ist das sein Erbe.«

»Meinst du? Wozu? Er hatte keine Ehefrau, keine Geliebte, keine Kinder, keine Verwandten. Seine ganze Familie ist bei dem Großen Brand von Matheson umgekommen. Was hat er sich nur dabei gedacht?«

»Wir können sie einfach ignorieren.«

»Aber wir müssen die ganze Zeit an sie denken.«

»Vielleicht wollte er ja genau das.«

»Was?«

»Dass wir an ihn denken.«

»Meinst du?«

Jeden Morgen führen sie dasselbe Gespräch, mit leichten Variationen, ein Gespräch, das sie nicht weiterbringt. Die beiden erleben ihre letzten Momente der Zweisamkeit. Bald werden zwei Neue zu der Gemeinschaft am See dazustoßen, eine kleine alte Dame mit großen schwarzen Augen und eine große, kräftige Frau, die die Legende von Boychuck zum Vorwand nimmt, um ihnen einen Besuch abzustatten.

Doch erst einmal müssen wir kurz innehalten und uns den Großen Bränden widmen, die Anfang des zwanzigsten Jahrhunderts im Norden Ontarios wüteten.

Und was ist mit der Liebe? Nun, die Liebe muss noch etwas warten, ihre Zeit ist noch nicht gekommen.

Die Großen Brände

Die Großen Brände wüteten Anfang des zwanzigsten Jahrhunderts im Norden von Ontario.

Der Wind trug das Feuer über weite Strecken, fünfzig oder hundert Kilometer, und auf seinem Weg zerstörte es alles, Wälder, Dörfer, Städte, Menschen. Ein Flammenmeer, ein Feuersturm wälzte sich unter lautem Fauchen voran, man musste schneller rennen als das Feuer, musste in einen See oder Fluss springen, sich an ein überfülltes Boot oder einen Baumstamm klammern und warten, bis die Bestie ihren Hunger gestillt hatte, bis die Flammen sich gegenseitig verschlungen hatten, bis sie weiterzogen und über andere Wälder und andere Städte herfielen. Zurück blieben nur schwarze Erde, Brandgeruch und rauchende Trümmer unter einer dicken Ascheschicht.

Der Große Brand von Timmins war der verheerendste. Vier Stunden lang wütete er in der kleinen Bergarbeiterstadt, bis sie dem Erdboden gleichgemacht war. Die Überlebenden hatten sich in den Porcupine Lake gerettet. Vier Stunden lang harrten die Menschen im Wasser aus und sahen zu, wie Häuser, Geschäfte und der neue Bahnhof in Flammen aufgingen. Die Stadt gab es erst seit zwei Jahren.

Doch damit war die Tragödie nicht zu Ende. Das Feuer zog weiter nach Nordosten und wütete in dem Städtchen Cochrane, achtzig Kilometer entfernt, das schon im Jahr zuvor niedergebrannt war und fünf Jahre später noch einmal niederbrennen sollte, im Jahr 1916, beim Großen Brand von Matheson.

Der Große Brand von Matheson war der tödlichste. Er forderte zweihundertdreiundvierzig Opfer, und das ist nur die amtliche Zahl. Die Goldgräber, Fallensteller und Landstreicher, all die namenlosen Toten, die es offiziell gar nicht gab, da sie keine Papiere und keinen festen Wohnsitz hatten, wurden nicht mitgezählt. Das Land war noch jung, es zog alle möglichen Abenteurer an. Ein paar Leichen fand man in einem ausgetrockneten Bachbett, aber von den meisten blieb nur ein Häuflein Asche übrig, das der Wind verstreute und das keinen Eingang in die Statistik fand. Manche sprechen von über fünfhundert Toten.

Sechs Jahre nach Matheson, am 4. Oktober 1922, stand Haileybury in Flammen. Dieser Brand war der spektakulärste, denn er zerstörte die Kreisstadt, den einzigen größeren Ort im Norden Ontarios. In Haileybury gab es eine Straßenbahnlinie, eine Kathedrale, ein Kloster, mehrere Schulen und ein Krankenhaus. Diese Gebäude waren aus Stein, und man hatte geglaubt, sie wären feuerfest, aber als das Inferno über sie hereinbrach, brannten sie lichterloh. Nur die Straße der Millionäre blieb unversehrt, zwölf stolze, große Häuser, in denen die Neureichen wohnten. Ihr Vermögen stammte aus den Silberminen von Cobalt, einem nahe gelegenen Städtchen, das schon dreimal niedergebrannt war, das in jenem Jahr aber wie durch ein Wunder verschont blieb.

Das Feuer ist launisch. Es erklimmt Berge, färbt den Himmel schwarz, färbt ihn rot, bäumt sich fauchend auf, spielt Gott, vernichtet alles Leben, springt von einem Flussufer zum anderen, frisst sich in den Sumpf, verschont aber eine Kuh, die auf ihrer Weide grast. Wie soll man das verstehen? Ab einer bestimmten Größe gehorcht das Feuer nur seinem eigenen Gesetz.

Ein noch größeres Wunder als die Kuh auf der Weide sind die Kinder, die das Feuer in einem Bach überlebten. Die Fotografin hörte mehrere solcher Geschichten. Anfangs hielt sie sie für Legenden, doch die Leute beteuerten, dass sie wahr waren. Man fand die Kinder einen Tag nach dem Brand in einem Bach. Sie waren ruß- und schlammverschmiert, aber sie lebten. Einen Tag nach dem Brand, das war der Punkt, der die Fotografin zweifeln ließ. Ein Kind ist und bleibt ein Kind. Es mochte ja sein, dass es während des Feuers instinktiv im Wasser blieb, aber dass es sich eine ganze Nacht lang nicht von der Stelle rührte, obwohl ringsum die Geister des Infernos ihr Unwesen trieben, war unvorstellbar. Wenn das Feuer weiterzieht, seufzt die Erde noch eine ganze Weile, Bäume explodieren in Zeitlupe, und die verkohlten Überreste knacken und fauchen. Welches Kind wartet brav ab, bis jemand es holen kommt, wenn es dunkel wird und überall Monster lauern?

Als Erstes hörte die Fotografin die Geschichte eines sechsjährigen Mädchens, dem man zwei Säuglinge anvertraut hatte. Am nächsten Morgen fand man alle drei in einem Bach, die Augen gerötet von Tränen und Rauch, aber lebend. Nur das Mädchen hatte schwere Verbrennungen erlitten. Dann war da noch dieser fünfjährige Junge. Seine Eltern vertrauten ihn zwei Männern an, die mit einem Heuwagen in die nächste Stadt flohen, weil sie glaubten, dass der Kleine so eine bessere Überlebenschance hätte. Die Eltern konnten ihren Hof retten, aber die beiden Männer gerieten auf einem Hohlweg, der kaum breiter war als ihr Wagen, in einen Feuertunnel. Überzeugt, dass sie nicht mit dem Leben davonkommen würden, setzten sie das Kind in einem Bach aus und fuhren in die Flammen hinein. Von dem Wagen blieb nur die Deichsel übrig, aber der Junge überlebte. Sein Vater fand ihn am nächsten Tag in dem Bach.

Eine Einundneunzigjährige namens Rose Kushnir erzählte der Fotografin von dem Jungen. Die Fotografin glaubte ihr erst nicht, aber Rose sagte, sie habe den Jungen als Erwachsenen kennengelernt. Er habe das Feuer überlebt, aber ein Teil seiner Seele sei in dem Bach zurückgeblieben. Er habe nie gelernt, ein richtiges Gespräch zu führen, die Worte seien ihm in der Kehle stecken geblieben. Man habe immer das Gefühl gehabt, sich mit einem Geist zu unterhalten.

Dass Rose überlebt hatte, war ebenfalls ein Wunder. Die Eltern hatten sich mit ihr und ihren Geschwistern im Kartoffelacker der Familie eingegraben, mit bloßen Händen, und da lagen sie nun mit dem Gesicht zum Boden, jeder in seiner Furche, während die Flammen über sie hinwegfegten. Die Mutter trug Verbrennungen am Rücken und am Gesäß davon, sie hatte sich schützend auf ihr jüngstes Kind gelegt.

Die Überlebenden schilderten alle denselben Horror. Die Fotografin hatte nachts Albträume, aber sie konnte nicht von der Geschichte lassen.

Nach vielen Gesprächen mit zahlreichen alten Leuten wusste sie so viel über die Großen Brände, als hätte sie sie selbst erlebt. Ihre Gesprächspartner fand sie in Matheson, Timmins oder Haileybury, in tristen Kleinstädten und verlassenen Dörfern, in verfallenen, aber blitzsauberen Häusern (die Schwestern Dambrowitz zum Beispiel hatten keinen Strom, musizierten aber jeden Abend, die eine auf dem Klavier, die andere auf dem Cello) und in Altenheimen (wo fast alle Bewohner senil waren). Sämtliche Zeugen erzählten ihr mit derselben Mischung aus Ungläubigkeit und Stolz, wie sie die Großen Brände überlebt hatten.

Natürlich hatten die Großen Brände auch ihre Helden und Märtyrer. Boychuck war weder das eine noch das andere, aber er kam in allen Geschichten über den Großen Brand von Matheson vor. Selbst wer ihn nicht gekannt hatte und ihm nie begegnet war, erzählte von ihm. Ed, Ted oder Edward Boychuck – beim Vornamen war man sich nicht einig – ist das große Rätsel des Brandes von Matheson. Der Junge, der durch die rauchenden Trümmer irrte, so nannten ihn die meisten.

An jenem heißen Morgen des 29. Juli 1916 war er vierzehn Jahre alt, ein kräftiger Junge, nicht gerade gesprächig, aber jemand, der zupacken konnte. Er gehörte zu einem Trupp Maurer, die in Matheson das Haus eines reichen Kaufmanns bauten. Seine Familie lebte zehn Kilometer entfernt, und jeden Morgen und Abend lief er an den Gleisen entlang. Die Eisenbahnschienen waren der einzige richtige Weg in diesem Land, das noch zu jung war, um sich Straßen leisten zu können.

An diesem heißen, trockenen Morgen hätte man sich in der Wüste wähnen können, wäre da nicht der Nadelwald gewesen, der sich der Sonne darbot wie ein williges Opfer.

Ein Zeuge sah den jungen Boychuck an den Eisenbahnschienen entlanglaufen, in Richtung Ramore.

Noch stellte das Feuer keine Bedrohung dar. Zwar stieg vielerorts Rauch auf, aber das war nichts Ungewöhnliches. Im Sommer wurden überall die Äste und Wurzeln verbrannt, die bei Rodungsarbeiten anfielen. Der Rauch gehörte zur Landschaft.

Zwei junge Männer beobachteten etwas später, wie Boychuck ein Feld überquerte. Es war kurz nach Mittag, und Wind war aufgekommen, ein ungeheuer starker Wind. Die einzelnen Rodungsfeuer hatten sich zu einer gigantischen Fackel vereint. Der Himmel färbte sich pechschwarz, die beiden jungen Männer hörten ein dumpfes Grollen wie von einer Dampflokomotive, und bei Gott, sie wussten, was das war! Sie schrien und versuchten Boychuck auf sich aufmerksam zu machen, damit er in den Graben kam, wo sie kauerten, aber es half nichts, das Fauchen des Infernos übertönte ihre Stimmen, Boychuck hörte sie nicht, und schon war er verschwunden. Mittlerweile war es stockfinster, dichter Rauch verbarg die Sonne.

Jemand anders meinte ihn wenig später auf einem Hohlweg gesehen zu haben, der kaum breiter war als ein Pferdewagen. Er habe sich das Hemd über den Kopf gezogen und sei wie ein Wahnsinniger auf eine Feuerwand zugerannt. Der Zeuge nimmt an, dass es der junge Boychuck war, weil sich hinter der Feuerwand der Hof seiner Eltern befand. Ganz sicher ist er aber nicht. Er hockte in einem Wasserloch, der Schlamm reichte ihm bis zum Kinn, und als er kurz die Augen öffnete, bohrten sich ihm zwei glühende Dolche in die Pupillen. Für den Rest seines Lebens stand ihm dieses Bild vor Augen, das Bild des Jungen, der sich in die Flammen wirft.

Niemand weiß, wie der junge Boychuck es geschafft hat zu überleben, niemand weiß, ob er den Hof seiner Eltern erreicht und seine Mutter, seinen Vater und die fünf Geschwister gesehen hat. Sie lagen eng aneinandergedrängt im Kartoffelkeller. Sie waren erstickt, ihre Gesichter blau, die Lippen violett. Niemand weiß, ob er sie gesehen hat, weil Boychuck nie darüber gesprochen hat. Weder über das Feuer noch über die sechs Tage, die er anschließend durch die rauchende Landschaft geirrt war.

Als der Zeuge sich aus seinem Schlammbett erhob, war er von einer dicken Schicht aus getrocknetem Matsch überzogen, die bei jeder Bewegung abbröckelte. Er meint Boychuck noch einmal gesehen zu haben, aber die glühenden Dolche hatten ihn fast blind gemacht. Er sah nur unscharf eine Gestalt den Weg entlangtaumeln. Der Mann lag monatelang im Krankenhaus. Der Schlamm war mit seiner Haut verschmolzen.

Alle, die von den Stunden nach dem Feuer berichteten, sprachen von einer seltsamen Farbe, einem Licht, das zugleich vom Himmel und von der Erde ausging. Der Himmel war wieder klar, aber die Erde brannte noch vielerorts. Am Fuß der Bäume hatten sich Gluthaufen angesammelt, die immer wieder explodierten. Funkengarben stoben in den Himmel. Die Bäume, die noch aufrecht standen, schwarze Stümpfe unter einem blauen Himmel, stürzten mit dumpfem Krachen zu Boden und wirbelten weiße Aschewolken auf.

Golden, sagten die Zeugen zögernd. Himmel und Erde hätten in einem goldenen Licht geleuchtet, nachdem der Feuersturm über sie hinweggefegt war. Es war das Licht Gottes, mit dem er uns zu sich holt, sagten die Leute. Sie glaubten, dass die Welt untergegangen war.

Drei Männer standen in einem Teich und warteten auf die Ankunft der Engel. Das Wasser reichte ihnen bis zu den Schultern, schwarze Schlieren liefen ihnen übers Gesicht, und sie rissen verstört die Augen auf. Sie hielten sich für die letzten Menschen auf Erden. Mit ihnen im Wasser, in diesem goldenen Licht, stand ein Elch, der wie sie in dem Teich Zuflucht gesucht hatte, und auf der Schulter des Jüngsten, des Mannes, der der Fotografin später die Geschichte erzählen würde, saß ein Vogel und zwitscherte aus voller Kehle.

Der junge Boychuck wankte an den drei Männern vorbei.

Er taumelte durch die rauchende Asche. Sein Gesicht war rußverschmiert und aufgeplatzt, aber sonst schien er unverletzt. Sein Oberkörper war nackt, um die rechte Hand hatte er einen Lumpen gewickelt. Vermutlich hatte er sein Hemd zerrissen und es als Verband benutzt.

Die drei Männer riefen nach ihm.

Boychuck taumelte an ihnen vorbei, ohne sie zu bemerken. Erst als sie lauter riefen, wandte er sich ihnen zu. Sie sahen seine blutunterlaufenen Augen und den leeren Blick. Da begriffen sie, dass der Junge blind war.

Er setzte seinen Weg fort, als hätte er sie nicht gehört. Als folgte er den Schritten eines Riesen, sagte der Überlebende aus dem Teich, als wollte er in Gottes Fußstapfen treten.

Später wurde Boychuck in Matheson, Nushka, Monteith, Porquis Jonction, Ansonville, Iroquois Falls, wieder in Matheson, Nushka und Monteith und schließlich noch einmal in Matheson und Nushka gesehen. Bevor er endgültig von der Bildfläche verschwand, irrte er sechs Tage lang durch die Gegend. Er lief im Kreis. Niemand wusste, warum. Von Samstag, dem 29. Juli, dem Tag des Weltuntergangs, bis Donnerstag, dem 3. August, als eine Frau ihn in einem Zug gesehen haben will, der Überlebende nach Toronto brachte, vergingen sechs Tage. Was trieb Boychuck in diesen Tagen an?

In Matheson verband man ihm die Hand.

Nur drei Häuser hatten das Feuer überstanden. In

einem wurde eine Ambulanz eingerichtet. Frauen rissen die Vorhänge, Servietten und Bettlaken in Streifen, um sie als Verbände zu benutzen. Das Gänsefett, das in Tontöpfen in der Vorratskammer stand, diente als Salbe.

Eine dreiundneunzigjährige Frau erinnerte sich an den jungen Boychuck. Sie war damals noch ein Kind gewesen und erinnerte sich an ihn, weil er nur eine Hose am Leib getragen und keinen Mucks von sich gegeben hatte, als man den Lumpen abriss, der an seiner Haut festklebte. Seine Handfläche war ein offener roter Muskel.

In Nushka hatte er einen Wanderstock in der Hand und trug ein Hemd, das ihm viel zu groß war.

Nushka war ein Dorf von französischsprachigen Bauern zehn Kilometer nördlich von Matheson. Nach dem Großen Brand wurde das Dorf im Andenken an den Pfarrer in Val Gagné umbenannt. Für die Einheimischen war er ein Held, weil er versucht hatte, seine Schäfchen zu retten. Er war erst siebenundzwanzig Jahre alt und hatte nicht viel Lebenserfahrung. Vor allem kannte er sich nicht mit Waldbränden aus. Er führte seine Gemeinde in einen Tunnel, durch den einmal die Eisenbahn fahren sollte. Im Grunde war die Idee nicht schlecht. Der Schacht reichte ein gutes Stück in den Berg hinein und hatte feuchte Lehmwände. Dort gab es nichts, was brennen konnte. Tragischerweise wusste der junge Pfarrer nicht um die Gefahren des Feuers. Die Flammen drangen tatsächlich nicht in den Tunnel ein, aber als sie daran vorbeifegten, entzogen sie der Luft allen Sauerstoff. Siebenundfünfzig Menschen erstickten.

Mehrere Zeugen sahen den jungen Boychuck am Abend nach der Tragödie in Nushka. Es hatte zu nieseln begonnen. Der Regen war nicht stark genug, um die letzten Brände zu löschen, aber er brachte den Überlebenden etwas Abkühlung. War Boychuck Simon Aumont begegnet? Wahrscheinlich nicht. Zu dieser Zeit lag Simon Aumont noch bewusstlos in seinem Haferfeld, einen toten Säugling neben sich. Simon Aumont sollte die Katastrophe überleben. Als die Feuerbombe explodiert war, hatte er im Wald gearbeitet. Er war sofort ins Dorf gerannt, um seine Familie zu retten. Als er die Haustür aufriss, fand er seine Frau und seine neun Kinder tot im Flur. Sie waren erstickt. Nur der Säugling im Arm seiner Frau atmete noch. Simon Aumont trug ihn in das Haferfeld, weil er hoffte, dass die Luft dort besser wäre, aber die Hitze war unerträglich, ihm versagten die Beine, und er brach mit dem Säugling im Arm zusammen. Simon Aumont wurde zum Symbol für den Schmerz von Nushka. Alle erzählten seine tragische Geschichte, nur er selbst verlor nie ein Wort darüber.

Nushka, das Dorf des Todes.

Boychuck musste den Eisenbahnschienen bis zum

Dorfeingang gefolgt sein. Dort stieß er wohl auf die ersten Leichen. Später fand ihn eine Frau im Regen. Im ersten Moment hielt sie ihn für tot, aber er schlief nur.

Die Frau und ihre beiden Kinder waren auf dem Weg nach Monteith, als sie an dem schlafenden Ted vorbeikamen. Sie führten eine Kuh an einem Strick, das Einzige, was sie von ihrem Besitz hatten retten können. Die Familie wollte zum Lehrbauernhof in Monteith, wo der Vater arbeitete.

Die Frau war längst verstorben, aber der Junge, der damals acht Jahre alt gewesen war, und seine Schwester, damals sechs, erzählten der Fotografin die Geschichte. Erst sahen sie die übereinanderliegenden Leichen. Die Kinder dachten, die Menschen würden schlafen. Die Mutter, die es besser wusste, zog sie von dem grausigen Anblick fort. Da erhob sich in der Nacht ein langer, monotoner Klageschrei. Die Kuh spürte die Gegenwart des Todes und muhte laut. Bei ihrem Gebrüll erwachte der junge Boychuck von den Toten.

Er lächelte leicht, vielleicht von einem schönen Traum, und als er den Regen auf dem Gesicht spürte, fragte er schlaftrunken, ob das Feuer vorbei und ob es Morgen sei.

Die vier zogen zusammen weiter.

Dieser Teil von Boychucks Wanderung ist der einzige, der sich überprüfen lässt, denn weitere Zeugen haben ihn in jener Nacht des 29. Juli gesehen. Sie erinnern sich vor allem an die brüllende Kuh, aber auch an den blinden jungen Mann.

In den Tagen nach dem Großen Brand herrschte ein unvorstellbares Chaos. Männer suchten nach ihren Frauen und Kindern, Frauen suchten nach ihren Männern, Kinder suchten nach ihren Eltern. Wie viele andere zog der junge Boychuck kreuz und quer durch die Gegend. Seine Legende entstand erst später, im Laufe der Jahre und im Laufe der Erzählungen, denn man sprach noch sehr lange von dem Großen Brand von Matheson, und in den verschiedenen Geschichten gab es eine wiederkehrende Figur, den blinden Jungen, der durch die rauchenden Trümmer irrte.

Nicht in allen Geschichten war er blind. Ein Mann behauptete, der Junge habe mit ihm zusammen Leichen auf einen Eisenbahnwaggon gestapelt. Ein anderer sagte, er habe beim Entladen von Hilfsgütern geholfen. Auch die Frau, die ihn in dem Zug nach Toronto gesehen haben will, erwähnte nicht, dass er blind war. Der Junge fiel ihr auf, weil er allein unterwegs war und mit leerem Blick vor sich hin starrte. Zwar half er anderen Leuten mit ihrem Gepäck, aber seine Bewegungen waren seltsam ruckartig. Er schien nicht ganz zu wissen, was er tat. An seinem leeren Blick erkannte man Boychuck in allen Geschichten wieder. Wegen dieses Blicks hielten ihn viele für blind, aber er musste das Augenlicht nach dem Feuer allmählich wiedererlangt haben. Große Hitze schädigt die Augen oft nur vorübergehend.

Doch das Bild blieb, das Bild von dem blinden Jungen, der durch die rauchenden Trümmer irrte, dieses Bild kam in allen Geschichten vor, es ließ den Überlebenden der Großen Brände keine Ruhe, es begründete Boychucks Legende.

In dem kleinen Museum von Matheson, das der Feuersbrunst von 1916 gewidmet ist, findet man nichts über Boychuck, kein Foto, kein Schriftstück, nichts. Fragt man allerdings die hilfsbereite Dame, die in dem Museum arbeitet, erfährt man den wahren Grund für Boychucks Wanderung: Der blinde Junge irrte tagelang durch die Gegend, weil er nach dem Mädchen suchte, das er liebte. Nur die Liebe kann sein seltsames Verhalten erklären. Die Liebe verleiht einem jungen Menschen Flügel.

Die Fotografin hörte der Dame in dem Museum aufmerksam zu, aber sie war skeptisch. Es gab so viele Geschichten über Boychuck. Die verrückteste war die von den Goldbarren. In allen Legenden, die sich die Leute im Norden erzählen, kommt ein mysteriöser Goldbarren vor. Meist handelt es sich um Gold aus einem Raubüberfall, das irgendwo vergraben ist. Der Täter wurde entweder auf der Flucht erschossen oder er fand sein Versteck später nicht wieder. Im Norden von Ontario muss es Tausende von Goldbarren geben, die nur darauf warten, ausgegraben zu werden. Manche Leute behaupten, Boychuck wäre durch die Gegend geirrt, weil er nach den vergrabenen Goldbarren gesucht habe, die der Brand zutage gefördert hatte. Die Fotografin konnte sich das nicht vorstellen. Wer suchte denn bitte schön nach Gold, wenn er gerade Vater und Mutter verloren hat und alles um ihn herum in Schutt und Asche liegt?

Vielleicht gab es auch keine vernünftige Erklärung für Boychucks Verhalten, vielleicht irrte er tatsächlich ziellos durch die Gegend, weil ihn das Feuer um den Verstand gebracht hatte. So lautete jedenfalls eine andere Version der Geschichte. Manche Menschen werden beim Anblick der meterhohen Flammen verrückt. Sie erstarren und rühren sich nicht vom Fleck, sie verlieren jeden Überlebensinstinkt. Das Feuer ernährt sich von Sauerstoff, es entzieht ihn seiner Umgebung und raubt den Menschen auf diese Weise den Verstand. Die Feuerblindheit und der Feuerwahn dauern meist nur kurz, höchstens ein paar Minuten, aber sie können tödlich sein, wenn niemand da ist, der einen rettet, denn wenn das Gehirn nicht genügend Sauerstoff bekommt, erstickt man. Oder man verbrennt bei lebendigem Leibe.

Es gab noch eine heimtückischere Form des Wahns: Manche Leute lassen sich vom Feuer in den Bann schlagen, sie sind fasziniert von den Flammen, von ihrer Kraft, ihrer Allmacht, von den leuchtenden Farben inmitten all des Rauchs. Entsetzt und fasziniert zugleich können sie den Blick nicht von dem Feuer abwenden, während sie um ihr Leben laufen, und dann sehen sie all die Toten und können nicht mehr stehen bleiben, sie müssen immer weiterlaufen, um sich zu vergewissern, dass sie noch leben. Das Feuer hatte ihn wahnsinnig gemacht, sagten manche über den jungen Boychuck. Diese Erklärung leuchtete der Fotografin ein.

Das Melodram mit den Blumen hingegen kaufte sie der Frau in dem Museum nicht ab. Jemand wollte gesehen haben, wie sich Boychuck durch hüfthohe Asche kämpfte, in der einen Hand einen Wanderstab, in der anderen einen Strauß aus goldbraunen, sonnengelben Blumen. Blumen für sein Mädchen, sagte die Frau in dem Museum. Die Fotografin ließ sie reden.

Nach sechs Tagen war Boychucks Wanderung nicht zu Ende. Er zog weiter rastlos durch die Welt. Als er sechs Jahre später wieder auftauchte, war er ein gutaussehender junger Mann, trotz der groben Arbeitskleidung, die er trug. Er gehörte zu einem Trupp Arbeiter, die Eisenbahngleise ausbesserten. Er war ein gutaussehender junger Mann, aber unnahbar und wortkarg. Seine Antworten waren einsilbig, ein richtiges Gespräch konnte man nicht mit ihm führen.

Nach drei Monaten war er auf und davon. Vier Jahre später tauchte er an einem anderen Ort auf, nur um gleich darauf abermals zu verschwinden. Dieses Spiel wiederholte sich mehrmals. Nie hinterließ er eine Spur. Seine Kollegen nannten ihn Ted oder Ed oder Edward, aber es waren immer andere, mal Eisenbahner, mal Zimmerleute, mal Goldgräber. Echte Freunde hatte er keine. Der Vorname änderte sich, aber immer war da dieser leere Blick.

Die Fotografin hatte sich gefragt, wie sie diese Leere mit der Kamera einfangen sollte. Wer Boychuck als alten Mann gekannt hatte, erzählte, dass seine Augen ein Rätsel waren, ein ungeschriebenes Buch. In seinen Augen sah man nur, was man darin sehen wollte.

Bei alten Menschen sind die Augen das Wichtigste. Ihre Gesichter sind eingefallen, die Haut ist schlaff und faltig, vor allem rings um den Mund, die Augen, die Nase und die Ohren. Ihre verhärmten Gesichter sind schwer zu entziffern. Von alten Menschen erfährt man nur etwas, wenn man ihnen in die Augen sieht. Die Augen enthalten ihre Lebensgeschichte.

Ist der Blick leer, ist es auch das Foto, dachte die Fotografin.

Sie hatte Hunderte von alten Leuten fotografiert, obwohl sie noch keine genaue Vorstellung davon hatte, was sie mit den Fotos anfangen würde. Vielleicht würde sie ein Buch veröffentlichen oder eine

Ausstellung organisieren. Sie war auf der Suche nach irgendetwas, wusste aber selbst nicht so recht, wonach. Sie verfolgte kein klares Ziel, es machte ihr einfach Spaß, alte Menschen zu treffen und sie zu der Geschichte zu befragen, die ihre Augen erzählten.

Alles hatte zwei Jahre zuvor begonnen, an einem Aprilnachmittag im High Park.

In Toronto sind die ersten Frühlingstage eine Wohltat. Auf einer Bank unter einer großen kahlen Eiche saß eine zierliche alte Frau in einem blauen Wollmantel und ließ sich die Sonne ins Gesicht scheinen.

Der bunte Fleck inmitten all der winterlichen Grau- und Brauntöne stach der Fotografin ins Auge.

Ein dunkelblauer Mantel, eine rosa Baskenmütze, darunter hervorscheinende weiße Locken, eine im Sonnenlicht funkelnde silberne Perlenstickerei am Saum der Mütze. Zu Füßen der alten Dame stand eine bunt gemusterte Tasche mit Holzgriffen. Links neben sich auf der Bank hatte sie ein rotgelb kariertes Stofftaschentuch ausgebreitet, auf dem Brotkügelchen lagen, die sie an die Tauben verfütterte.

Die Fotografin setzte sich ans andere Ende der Bank und musterte die alte Dame verstohlen.

Sie war sehr alt, verschrumpelt bis auf die Knochen, und in ihrem Inneren war etwas in der Schwebe, ganz so, als würde sie beim Vogelfüttern von unzähligen Gedanken getragen, die sich um sie herum ausbreiteten. Ihre Bewegungen waren langsam und methodisch. Als sie alle Kügelchen an die Vögel verfüttert hatte, zog sie ein halbes Brot aus der Tasche, pulte das Innere heraus und formte es zu weiteren Kügelchen, die sie ordentlich auf dem Stofftaschentuch aufreihte.

Die Fotografin traute sich nicht, die alte Dame zu fragen, ob sie sie fotografieren dürfe. Das war ein Fehler, denn in den Augenwinkeln der alten Frau funkelte ein rosa Licht.

Sie erinnerte sich später nicht mehr, wie das Gespräch begonnen hatte, und auch nicht, wie sie auf die Großen Brände gekommen waren.

Die alte Dame war eine Überlebende des Großen Brandes von Matheson. Sie erzählte der Fotografin von einem nachtschwarzen Himmel und von Vögeln, die vom Himmel fielen.

Es regnete Vögel, sagte sie. Als der Wind heftiger wurde und eine riesige schwarze Rauchwolke den Himmel verdüsterte, wurde vor lauter Hitze und Rauch die Luft knapp und man konnte kaum noch atmen. Die Vögel fielen vom Himmel und stürzten uns tot vor die Füße.

Das Gespräch folgte ihren mäandernden Gedanken. Die beiden Frauen unterhielten sich über die alten Eichen im High Park, über den kalten Frühling, über den Lärm der Stadt, der entfernt zu hören war, wieder über die Großen Brände, über den Müll, der überall herumlag, über die Verrohung der Sitten, und noch einmal über die Großen Brände.

Als die Flammen bis zum Himmel schlugen, sagte die alte Frau, hatte man das Gefühl, in einem Feuermeer zu ertrinken.

Die Bilder, die sie beschrieb, hatten sich der Fotografin eingebrannt.

Irgendwann sagte die alte Dame, sie müsse jetzt gehen. Das Brot war aufgebraucht, und es wurde dunkel. Die Fotografin wusste nichts von ihr, nicht einmal den Namen, und als wäre die alte Dame ein Kind, fragte sie sie nach ihrem Alter. Als gäbe es nichts Wichtigeres von einem Menschen zu wissen.

Einhundertzwei, antwortete die Alte, und ihre Augen leuchteten verschmitzt.

Sie stützte sich auf ihren Stock, erhob sich von der Bank und ging davon. Die Fotografin blieb verdattert zurück. Konnte die Frau tatsächlich einhundertzwei Jahre alt sein?

So fing alles an, mit einem rosa Licht in den Augen der alten Dame, die großen Spaß daran zu haben schien, die Fotografin über ihr Alter im Unklaren zu lassen, und mit Vögeln, die von einem nachtschwarzen Himmel fielen. Die Fotografin wäre nicht in den Norden gefahren und hätte nicht nach weiteren Überlebenden der Großen Brände gesucht, wenn sie im High Park ein Foto von der alten Dame gemacht hätte, wenn sie angesichts der Vögel, die in den Augen der alten Dame vom Himmel fielen, auf den Auslöser gedrückt hätte.

Die Fotografin war fasziniert von der alten Dame, die Bilder von apokalyptischer Schönheit in sich trug, und später von den vielen anderen alten Menschen, die dieselben Bilder im Kopf hatten.

Die alten Leute wurden ihr wichtiger, als sie je gedacht hätte. Sie liebte ihre brüchigen Stimmen, ihre verlebten Gesichter, die langsamen Bewegungen, ihr Zögern, wenn ihnen ein Wort nicht einfiel oder eine Erinnerung sich nicht greifen lassen wollte. Die Fotografin liebte es, wie die Alten auf dem Strom ihrer Gedanken dahintrieben und manchmal mitten im Satz einschliefen. Das hohe Alter schien ihr ein Hort der Freiheit zu sein, wo man sich keinen Zwängen mehr unterwirft und seinen Geist auf Wanderschaft schicken kann.

Sie hatte alle bekannten Überlebenden der großen Brände getroffen. Boychuck wäre der letzte gewesen.

Tot und begraben, sagte Charlie. An Altersschwäche gestorben, sagte Tom.

Die Legende des Großen Brandes von Matheson war tot. Das überraschte die Fotografin nicht. Ab und zu hatte sie bei jemandem an die Tür geklopft, der Jahre oder auch Tage zuvor gestorben war. Sie war weder enttäuscht noch traurig. Allein für Tom und Charlie hatte sich der weite Weg gelohnt. Die beiden

Einsiedler waren ganz besondere Exemplare in ihrer Sammlung alter Leute. Die Fotografin hatte fest vor, ihnen einen weiteren Besuch abzustatten. Sie wollte sie fotografieren oder sich mit ihnen unterhalten, je nachdem, wie es sich ergab. Sie traf die alten Leute längst nicht mehr nur wegen ihrer Reportage.

Tom und Charlie sind bei ihrer fünften Zigarette. An diesem Morgen dreht sich das Gespräch lange um die Frage, ob Ted wusste, dass er sterben würde, ob er den Tod hatte kommen sehen oder ob er von ihm überrascht wurde.

Der Tod ist ein alter Freund. Sie sprechen häufig von ihm. Er begleitet sie schon so lange, dass sie seine Nähe zu spüren meinen. Er belauert sie. Tagsüber zeigt er sich nicht, aber nachts kommt er aus seinem Versteck. Ihre morgendlichen Gespräche dienen auch dazu, ihn auf Abstand zu halten. Sobald sie seinen Namen aussprechen, ist er da, er mischt sich in das Gespräch ein, haut auf den Tisch, will alle Aufmerksamkeit, aber sie weisen ihn ab, verhöhnen ihn, manchmal beleidigen sie ihn sogar, sie schicken ihn fort, und er trollt sich wie ein Hund in die Ecke und kaut auf seinem Knochen herum. Er hat alle Zeit der Welt.

Charlie kennt sich mit dem Tod aus. Der Tod ist ihm vertraut, weil Charlie damals in seiner Jagdhütte auf ihn gewartet hat. Tom fragt immer wieder: Hast du ihn gesehen? Hast du?

»Nein. Meine Zeit war noch nicht gekommen.«

»Und warum hast du damals dein Salz nicht geschluckt? Ich versteh das nicht.«

»Meine Zeit war noch nicht gekommen, sage ich dir. Außerdem war es Sommer. Es war warm, die Luft roch gut, die Vögel zwitscherten.«

»Ich glaube, deine Zeit kommt nie, alter Freund. Du bist viel zu stur, um zu sterben.«

Bald wird es in Charlies Hütte keine Gespräche unter vier Augen mehr geben. Der kleinen Gemeinschaft am See stehen große Veränderungen bevor.

Die Gemeinschaft am See

Der kleinen Gemeinschaft am See standen große Veränderungen bevor. Die Vorstellung von einer Frau in dieser rauen Umgebung – noch dazu einer sehr alten und gebrechlichen Frau – war abwegig, aber sie bahnte sich ihren Weg, diese abwegige Vorstellung von einer Frau an diesem Ort. Noch sprach es niemand aus, aber alle wussten, dass sie die Frau nicht dorthin zurückschicken würden, wo sie herkam. Die Gemeinschaft am See war unerschrocken und rebellisch genug, um das Unmögliche möglich zu machen. Aber wie?

Das Problem mit seiner Mutter hatte Bruno gelöst. Er hatte sie von einer Tankstelle in Huntsville aus angerufen und ihr erzählt, die Tante sei ihm ausgebüxt, während er drinnen an der Kasse zahlte. Er habe überall nach ihr gesucht, aber sie sei unauffindbar. Dann rief er die Polizei, beantwortete geduldig alle Fragen, unterschrieb seine Aussage und fuhr davon. Ihr höfliches Desinteresse beruhigte ihn. Sie würden sich kein Bein ausreißen, um nach einer alten Frau zu suchen, die niemand haben wollte.

Nun, da seine Tante für die Welt gestorben war, musste die Gemeinschaft am See für sie sorgen. Es gab eine Menge zu tun. Zuallererst brauchte sie eine anständige Unterkunft. Teds Hütte bot sich an, aber ganz wohl war ihnen bei dem Gedanken nicht. Alle hatten das Gefühl, dass Ted noch dort lebte.

Marie-Desneige, die eigentlich Gertrude hieß, hatte sich gut in ihrem Hotelzimmer eingelebt, sie verließ es nur selten und schien sich überhaupt keine Sorgen über ihre Zukunft zu machen. Sie dachte hauptsächlich darüber nach, wie sie künftig heißen wollte. Sie ging die Namen aller Menschen, denen sie je begegnet war, durch, und in der Queen Street Nummer 999 hatte es im Laufe der Jahre viele Bewohner gegeben. Manchmal spielte sie auch mit dem Gedanken, sich einen Namen auszudenken. Diese Beschäftigung, die sie als Ehre und Verantwortung empfand, bereitete ihr große Freude und nahm sie so sehr in Anspruch, dass ihr kaum Zeit für anderes blieb. Sie schrieb jeden Namen auf ein Blatt Papier, um ihn nicht zu vergessen, und notierte darunter ein paar Worte zu dem Menschen, der ihn getragen hatte. Wenn sie die vielen Blätter auf ihrem Bett ausbreitete, hatte sie das Gefühl, die ganze Welt stünde ihr offen.

Sie war seit vier Tagen da, und noch war keine Entscheidung gefallen, weder in dem großen Saal, wo Bruno und Steve sich zudröhnten, noch am Ufer des Sees. Sicher war nur, dass die alte Dame nicht im Hotel des Libanesen bleiben konnte. Bald kam der Herbst und mit ihm die Jäger, Ausflügler und Neugierigen.

Am Morgen des fünften Tages beschlossen Bruno und Steve, die Tante zu ihren alten Freunden in den Wald zu bringen, um herauszufinden, ob man sich verstand. Sie nahmen das Quad, und auch daran schien die alte Dame nichts merkwürdig zu finden. Anstandslos stieg sie auf die seltsame Maschine und legte die Arme um Brunos Taille. Steve und seine Hündin folgten zu Fuß.

Tom und Charlie, die den Motorlärm gehört hatten, erwarteten sie vor Charlies Hütte.

Auf der Lichtung herrschte mit einem Mal großes Gedränge. Vier Männer, eine Frau, vier Hunde und Tausende von Mücken gaben sich ein Stelldichein.

Wie immer übernahm Tom das Reden. Er hieß die Dame willkommen und zwinkerte ihr vielsagend zu. Sein unwiderstehlicher Charme, davon war er überzeugt, würde jeder Frau, die noch nicht völlig senil war, die Röte ins Gesicht treiben. Als ihm irgendwann aufging, dass er sich bei der Dame entschuldigen musste, wollte er selbst erröten, aber in seinem Alter fließt das Blut nicht mehr unbedingt dorthin, wo es soll, und so blieb er kreidebleich und dachte, dass diese Frau viel zu hübsch war, ein kleiner Diamant. Sie passte einfach nicht hierher.

Charlie kümmerte sich um das Wohlergehen der Gäste, damit er nichts sagen musste. Er trug Holzklötze zum Sitzen herbei, entzündete ein Feuer, um die Mücken fernzuhalten, verschwand in seiner Hütte, setzte Wasser auf und überlegte, wie viele Behältnisse er besaß, aus denen man Tee trinken konnte. Die alte Dame mit dem luftigen Haar und den Fingern wie Spitzendecken wirkte zerbrechlich wie ein Vögelchen. Er hatte das Gefühl, er müsse nur einmal fest pusten und das Vögelchen würde von seinem Holzklotz fallen. Dieser Gedanke erschreckte ihn. Er wollte das Vögelchen nicht umpusten, er wollte es lieber vorsichtig zurück in sein Nest setzen. Dieser Gedanke erschreckte ihn noch mehr.

Steve und Bruno hielten das Gespräch in Gang, sie plauderten über das schöne Wetter und die Forellen im See, während sie auf die Gelegenheit warteten, das Thema anzuschneiden, das sie alle beschäftigte.

Der Tee war ausgetrunken, die Sonne stand hoch am Himmel, und noch waren sie keinen Schritt weitergekommen. Sie konnten sich nicht dazu durchringen, Brunos Tante in Teds Hütte einzuquartieren.

Da öffnete Charlie zum ersten Mal den Mund:

»Wie sollen wir Sie eigentlich anreden? Mit welchem Namen?«

Obwohl Brunos Tante sich noch nicht für einen der Namen auf ihrem Bett entschieden hatte, antwortete sie prompt:

»Marie-Desneige.«

»Marie-Desneige. Was für ein schöner Name.«

Mit diesen Worten nahm Charlie Marie-Desneige

in ihre kleine Gemeinschaft auf, ohne dass er sich dessen bewusst gewesen wäre. Sein Gehirn lief auf Hochtouren, viel schneller, als er es gewohnt war, viel zu schnell, seine Gedanken überschlugen sich, er konnte sie gar nicht alle zu Ende denken. Dann hörte er sich sagen:

»Wir bauen Ihnen eine Hütte. Eine Hütte mit allen Schikanen, gleich hier nebenan. Wir können Ihnen schließlich nicht zumuten, so zu hausen, als hätten Sie Ihr Leben in der Wildnis verbracht.«

Die Idee war überraschend, aber durchführbar. Sie waren erleichtert, dass sie Teds Totenruhe nicht stören mussten, und begeistert, denn sie hatten keine Hütte mehr gebaut, seit Tom zu ihnen gestoßen war. Natürlich hatten sie ein paar Mal einen eingestürzten Schuppen wiederaufgebaut, aber eine Wohnhütte war etwas ganz anderes. Dort lebte und starb man, dort begrüßten einen im Sommer frühmorgens die ersten Sonnenstrahlen, dort beobachtete man an Winternachmittagen den Sonnenuntergang, dort lauschte man nachts den Geräuschen des Waldes. Eine Wohnhütte begleitet dich in deinen Gedanken, in ihr bist du nie allein.

Mit allen Schikanen, hatte Charlie gesagt, und natürlich hatte er recht. Die alte Dame, die nun Marie-Desneige hieß, brauchte einen gewissen Komfort. Fließendes Wasser, da waren sie sich schnell einig, vor allem fließendes Wasser. Das war eine große Herausforderung, darüber diskutierten sie lange. Schließlich kamen sie zu dem Schluss, dass auch eine Dusche und eine Innentoilette nötig waren. Leidenschaftlich tüftelten sie an der Lösung der Probleme. Sie waren so sehr mit der Planung von Marie-Desneiges Hütte beschäftigt, dass sie die zukünftige Bewohnerin, die auf ihrem Holzklotz saß und verwirrt von einem zum anderen blickte, ganz vergessen hatten.

»Und eine Katze. Ich hätte gern eine Katze in meiner Hütte.«

Die Männer waren zerknirscht, aber erleichtert. Marie-Desneige hatte sie für ihre Achtlosigkeit gerügt, aber sie stimmte dem Vorschlag zu, wenn eine Katze mit einziehen durfte.

Also würden sie auf Charlies Lichtung eine Hütte für Marie-Desneige bauen. Eine Hütte mit allen Schikanen, mit fließendem Wasser, Dusche und Toilette, was umfangreiche Arbeiten erforderte. Ein Generator würde das Wasser vom See hochpumpen, durch ein Rohr, das sie dick mit Dämmmaterial umwickeln würden. In der Dusche würden sie einen Durchlauferhitzer installieren, der mit Propangas lief. Auch die Lampen und die Heizung würden mit Propangas betrieben, genauso wie der Herd und der Kühlschrank, die in der Wildnis natürlich pure Luxusgegenstände waren, die sie aber für nötig befanden, da Brunos Tante weder wusste, wie man einen Ofen anheizte, noch, wie man einen Haushalt führte. Überhaupt schien sie nicht viel zu können. Nach sechsundsechzig Jahren des Eingesperrtseins war sie nicht gerade alltagstauglich. Ein aus dem Nest gefallenes Vögelchen, dachte Charlie wieder.

Die Arbeiten dauerten drei Wochen. Die Hütte selbst nahm recht schnell Form an, da sie sich für die einfache Bauweise mit Vierkanthölzern und Sperrholzplatten entschieden hatten. Hätten sie Rundhölzer genommen, wäre zu viel Zeit verloren gegangen. Die Hütte bestand aus zwei Räumen, einem Wohn- und Schlafzimmer und einer kleinen Kammer an der Nordseite, die sie »das Badezimmer« nannten. Von dem Badezimmer waren alle ungeheuer beeindruckt, vor allem Tom und Charlie, die längst vergessen hatten, dass es solche Annehmlichkeiten gab. Bald sprachen sie nicht mehr von einer Hütte, sondern nur noch von Marie-Desneiges Häuschen.

Sie begannen frühmorgens mit der Arbeit, sobald Steve und Marie-Desneige auf dem Quad eintrafen. Marie-Desneige liebte ihr grünes Zimmer, wollte aber auf keinen Fall allein im Hotel bleiben. Sie verbrachte ihre Tage mit den anderen auf der Baustelle, obwohl sie nichts beitragen konnte. Bruno kam meist etwas später. Statt des Kombis fuhr er nun einen Pick-up, mit dem er die Baumaterialien transportierte. Geld war kein Problem, das war es noch nie gewesen, die Grasplantage warf mehr als genug ab.

Nach ein paar Tagen begann sich Marie-Desneiges

Gemütszustand jedoch zu verschlechtern. Erst tauchten kleine Blitze in ihren Augen auf, dann dunkle Flecken, und dann wurde ihr Blick leer und Marie-Desneige verschwand.

Manchmal hörten die anderen sie singen. Sie saß am See und starrte stundenlang aufs Wasser. Ihre Stimme, die ganz anders klang als sonst, rein und kristallklar, wehte aus der Ferne zu ihnen herüber. Zwischen den Hammerschlägen hörten sie vereinzelte leise Töne. Die Männer verlangsamten ihre Bewegungen, und die Melodie entfaltete sich zu ihrer ganzen Größe. Ein Lied aus alten Zeiten, ein Königssohn, der eine Schäferin liebt, die Abschiedsworte eines Mannes, der zum Schafott geführt wird, traurige Geschichten, die Marie-Desneige mit betörend schöner Stimme sang. Sie sang das Lied immer wieder, einmal, zweimal, dreimal, und an der traurigsten Stelle der Geschichte brach ihre Stimme, sechsmal, achtmal, ihre Stimme verlor sich, war jetzt nur noch ein leises Summen, neunmal, zehnmal, das Hämmern war verstummt, und alle blickten zum See. Marie-Desneige hatte die Arme um die Knie geschlungen, wiegte sich vor und zurück und summte ein Lied, dessen Schmerz in leisen, verzweifelten Tönen zu ihnen drang.

Die Klagegesänge am Ufer des Sees ließen die Männer befürchten, dass Marie-Desneige in den Wahnsinn abglitt.

Die Arbeit ging zügig voran, und in der ersten Septemberwoche war das Häuschen fertig. Es war kaum größer als Charlies Hütte, hatte Fliegengitter vor den Fenstern und war außen mit schwarzer Isolierfolie verkleidet, die sie mit Latten fixiert hatten. Das Dach war mit Wellplastik gedeckt und ragte ein gutes Stück über die Eingangstür hinaus. Irgendwann später wollten sie den Bereich unter dem Vordach zu einer Veranda ausbauen, einer Veranda mit Fliegengittern, auf der Marie-Desneige an lauen Sommerabenden sitzen und ihre traurigen Lieder singen könnte. Vielleicht war das ja der Wahnsinn: eine allzu große Traurigkeit, der man nur genügend Platz einräumen musste.

Dann kam der Tag, als Marie-Desneige ihr Häuschen bezog. Der Himmel war grau, die Wolken hingen tief, und es nieselte. Sie trugen die Möbel eilig und in einem ziemlichen Durcheinander hinein. Bruno hatte sie in verschiedenen Geschäften in mehreren Städten gekauft, damit niemand Verdacht schöpfte. Alles war neu. Marie-Desneige sollte nicht an einem selbstgezimmerten Tisch sitzen müssen. Außerdem hätte es viel zu lang gedauert, ihr Möbel zu bauen. Nein, Marie-Desneige bekam schöne neue Dinge, einen Tisch, drei Stühle, ein Bettgestell, eine Matratze, einen Gasherd und einen kleinen Kühlschrank. Bruno hatte die Möbel im großen Saal des Hotels zwischengelagert, sie am Morgen auf seinen

Pick-up gehievt, sie auf den Anhänger des Quads umgeladen, und nun trugen sie die Sachen in Marie-Desneiges Häuschen.

Als sie sich gerade mit dem Kühlschrank abmühten, tauchte die Fotografin auf.

Die Männer hatten sie völlig vergessen.

Charlie sah sie als Erster. Die Hunde sprangen um sie herum, und sie hielt etwas in der Hand und winkte damit.

Chummys Fotos, dachte er, wie konnte ich nur vergessen, dass sie damit ankommen würde?

Tatsächlich wedelte sie mit den Fotos, die sie von Charlies Hund gemacht hatte. Unter den gegebenen Umständen war das ein recht dürftiger Vorwand.

Die vier Männer bauten sich vor der Tür des Häuschens auf, um der Fotografin den Weg und die Sicht auf Marie-Desneige zu versperren, falls diese ausgerechnet jetzt herauskäme. Doch das war, als wollten sie den Regen aufhalten. Jeden Moment konnte die Fotografin beginnen, Fragen zu stellen, auf die sie keine Antworten hätten.

Die Männer starrten der Fotografin feindselig entgegen. Steve regte sich stumm über die Hunde auf, die nicht gebellt hatten. Die Frau wusste definitiv, wie man mit Hunden umgeht. Bruno dachte bei sich, dass sie gar nicht schlecht aussah. Sie war zwar groß und kräftig, hatte aber schöne Rundungen. Eigentlich war sie sogar ziemlich hübsch. Tom, der das Glitzern in Brunos Augen sah, stellte sich prompt vor, dass die beiden etwas miteinander anfingen. Charlie wiederum verwarf die Idee, die ungebetene Besucherin mit der Schrotflinte zu verjagen, aber ich werde schweigen wie ein Grab, aus mir bekommt sie nichts heraus.

All diese Gedanken erwiesen sich als überflüssig.

Als Marie-Desneige hörte, wie die Fotografin die Männer begrüßte, als sie ihre Stimme vernahm, erwachte etwas in ihr, eine Erinnerung, eine Hoffnung, etwas sehr Angenehmes jedenfalls, etwas absolut Unwiderstehliches. Sie kam aus dem Haus geeilt, drängte sich zwischen den Männern hindurch und blieb mit einem strahlenden Lächeln vor der Fotografin stehen.

»Ange-Aimée«, flüsterte sie.

Die anderen beobachteten, wie die Erinnerung an ihr altes Leben über sie hereinbrach, die Erinnerung an einen Menschen, an dem sie wohl sehr gehangen hatte, vielleicht eine Freundin, mit der sie zusammen durch die Hölle gegangen war.

»Ange-Aimée«, wiederholte sie leise. Ihre Stimme klang traurig, ihre Enttäuschung war nicht zu übersehen.

Die Männer hatten Mitleid mit ihr und hätten sie gern getröstet, aber sie wussten nicht, wie sie mit Marie-Desneiges Schmerz umgehen sollten. Die Fotografin hingegen tat genau das Richtige. Sie trat einen Schritt vor, ergriff Marie-Desneiges Hand und führte sie an ihre Lippen.

»Sie können mich gern Ange-Aimée nennen.«

Marie-Desneige lächelte zaghaft.

Diese Worte besiegelten ihre Freundschaft, mit ihnen wurde die Besucherin in die Gemeinschaft aufgenommen, auch wenn das zunächst niemandem bewusst war. Erst als Marie-Desneige und die Fotografin lachend und plaudernd in dem Häuschen verschwanden, begriffen die Männer, dass nichts mehr so sein würde wie zuvor.

Nach einer Weile kamen die beiden Frauen wieder heraus, und die Fotografin verkündete, Marie-Desneige brauche Bettwäsche, Handtücher und Gardinen.

Gardinen!

So kam es, dass zwei Frauen zu der kleinen Gemeinschaft am See dazustießen. Die eine blieb dauerhaft, die andere kam und ging nach Belieben. Die Männer standen den Frauen und ihrer beginnenden Freundschaft machtlos gegenüber.

Sie beugten sich ihrem Willen und holten Bettwäsche, Geschirr und weitere Haushaltsgegenstände aus dem Hotel, aber keine Gardinen, denn die Gardinen zerfielen zu Staub, als sie sie abhängen wollten. Morgen kaufe ich Gardinen, sagte die Fotografin, und mit dieser Drohung ging der Tag zu Ende.

Marie-Desneige übernachtete zum ersten Mal in

ihrem neuen Zuhause. Sie hatte ihre Tasche ausgepackt, die Kleider in den Schrank gehängt, ihren Morgenmantel angezogen und saß nun im Bett. Ihre Hände ruhten flach auf den Schenkeln, den Rücken hielt sie stocksteif. Sie wartete darauf, dass ihr Körper zu ihr zurückkehrte. Den ganzen Tag über hatte er sich ihr entzogen. Erst hatte sie die Kälte in der Brust gespürt, dann war sie in den Magen gewandert, und plötzlich war sie weg gewesen und Marie-Desneige hatte ihren Unterleib gar nicht mehr gespürt. Sie hatte Panik bekommen, weil sie wusste, dass ihr Körper sich auflöste. Sie kannte das Gefühl. Ihr ganzes Leben lang hatte sie dagegen angekämpft. Die Medikamente hatten geholfen, aber sie hatte keine mehr, ihr Vorrat war aufgebraucht, und sie musste sich furchtbar konzentrieren, um ihren Körper zusammenzuhalten.

Ein Lied drang durch die Dunkelheit. Der Wind hatte sich gelegt, der Wald stand schwarz und still, nur die Blätter der Bäume rauschten leise. Marie-Desneiges Lied erhob sich in der Dunkelheit, und die Nacht trug ihren Gesang in den Himmel.

Charlie war noch wach. Er wartete darauf, dass das Licht in dem Häuschen erlosch, erst dann würde er sich schlafen legen. Er rauchte, trank Tee und fragte sich, ob Marie-Desneige auch wirklich verstanden hatte, wie man die Propangaslampe ausdrehte.

Er hörte den Gesang, als er gerade hinübergehen

wollte, weil er fürchtete, sie käme nicht mit der Lampe zurecht.

Es war ein altes Seemannslied, langsam und düster, das von unglücklicher Liebe handelte. Die wehmütige Melodie gemahnte an Sturmfluten, salzige Gischt und ein Schiff, das auf meterhohe Wellen schlägt. Nach mehreren Wiederholungen wurde die Melodie rauer, brüchiger, sie sank auf den Grund des dunklen Meers. Charlie wollte das Lied nicht mehr hören, aber es begann immer wieder von vorn, der Matrose ging an Bord, das Herz war ihm wund, er übergab seinen Kummer den Fluten. Charlie hielt es nicht mehr aus, er wollte, dass Marie-Desneige schwieg und die Schwermut, die nicht ihre eigene war, vergaß, aber sie sang immer weiter, sie tauchte in das Unglück ein, versank darin, sie war der Matrose, der auf der Suche nach Vergessen über die Weltmeere segelte. Dann färbte mit einem Mal ihr eigener Schmerz das Lied, und ihre Stimme verlor sich, war nur noch ein fernes Flüstern in der Nacht. Da wusste Charlie, dass Marie-Desneige sich drüben in ihrem Häuschen im Bett hin- und herwiegte und ihren Körper umklammerte wie eine Puppe.

Tatsächlich wiegte Marie-Desneige ihren Körper vor und zurück und sang ihm leise die letzten Strophen des Seemannsliedes vor. Sie hoffte, dass er dadurch zu ihr zurückkehrte. Manchmal gelang es, ihren Körper auf diese Weise wiederzufinden. Doch diesmal funktionierte es nicht. Da war ein Widerstand, ein Hindernis, von dem das Klagelied abprallte. Ihr kam der Gedanke, dass es an dem Haus lag. Es war zu neu, zu leer. Sie hatte noch nie allein geschlafen, da waren immer andere Menschen gewesen.

Als Charlie ein zaghaftes Klopfen hörte, wusste er sofort, wer vor der Tür stand.

Sie trug einen Mantel über dem Morgenmantel. Ihr Haar leuchtete im Mondschein, und in ihren Augen lag tiefe Traurigkeit.

»Kann ich bei dir schlafen?«

Er bat sie herein und zeigte auf das Pelzlager, das sie erwartete.

Da liegen sie nun, jeder in seiner Ecke, Marie-Desneige in ihrem Nest aus Pelzen, Charlie auf seiner Matratze am anderen Ende des Raums. Aber die Hütte ist klein und die Nacht still, und so hören sie einander atmen. Die Nähe ist Charlie nicht geheuer. Sonst verbringt er seine Nächte nur mit Chummy. Je länger der Schlaf ausbleibt, desto unerträglicher wird die Stille. Charlie will eine Frage stellen, damit das Schweigen nicht so schwer auf ihnen lastet, aber was soll er fragen?

»War Ange-Aimée eine Freundin von dir?«

»Sie war die Königin unserer Station. Alle verehrten sie. Sie hatte die Anmut und den Gang einer Königin. Ich war ihre Freundin und Kammerzofe.«

»Kammerzofe?«

Sie unterhalten sich flüsternd. Charlie gebraucht seine Samtstimme, die Stimme, mit der er sich verängstigten Tieren nähert. Marie-Desneige fühlt sich wohl. Sie ist es gewohnt, das Zimmer mit anderen zu teilen, sie kennt es nicht anders, sie hat schon oft im Dunkeln Vertraulichkeiten ausgetauscht. Leise erzählt sie von ihrem Leben in der Anstalt und von der Freundin, die sich für die Königin von Schottland hielt. Als Dank für ihren königlichen Schutz wusch

Marie-Desneige ihr die Strümpfe und flickte ihre Wäsche.

»Niemand hätte es gewagt, Ange-Aimée etwas zu tun, denn sie war die Königin Schottlands, Englands, der Karpaten und der Vereinten Nationen.«

»Die Karpaten sind kein Land.«

»Die Vereinten Nationen auch nicht.«

Sie lachen, weil sie im selben Moment einen ähnlichen Gedanken gehabt haben, und sind erstaunt, wie gut sie sich verstehen.

»Und warum Marie-Desneige?«

»Bei uns gab es viele Maries. Lauter Marie-Constances, Marie-Josephs, Marie-Laures, Marie-Jeannes, Marie-Clarisses, Marie-Madeleines, Marie-Louises und Marie-Clarences. Aber Marie-Desneige gab es nur eine, und sie war die Hübscheste von allen.«

»Marie-Desneige, das ist ein schöner Name.«

Er sagt das im Tonfall von »Gute Nacht«, und tatsächlich schweigen sie und schlafen bald darauf ein.

Charlies drittes Leben

Endlich hatte die Fotografin einen Namen. Fortan nannten sie alle Ange-Aimée, nach der Königin Schottlands und der Karpaten, die in Toronto über die Verrückten geherrscht hatte, und niemand scherte sich darum, dass sie bereits einen Namen hatte. So war es mit allen Veränderungen, die Marie-Desneige in Gang setzte, ohne es zu wollen.

Von nun an drehte sich das Leben der kleinen Gemeinschaft am See nur noch um Marie-Desneiges Bedürfnisse. Sie bekam eine Katze, Gardinen und die Fotografin zur Freundin. Die Katze war ein zweijähriger getigerter Kater, den Marie-Desneige »Monseigneur« taufte, die Gardinen waren rosa geblümt und sorgten für Gemütlichkeit, und Ange-Aimée bot ihr zwar nicht wie früher königlichen Schutz, dafür aber Gesellschaft.

Marie-Desneige gewöhnte sich rasch ein. Sie lernte, mit dem Propangas umzugehen, ihre Kartoffeln zu schälen, ohne sich zu schneiden, und jeden Morgen schaute sie prüfend zum Himmel. Nur allein sein, das konnte sie nicht. Das begriff Charlie, als er eines Tages von der Jagd zurückkam und Marie-Desneige in seiner Hütte vorfand, wo sie sich zwischen den Pelzen verkrochen hatte und sich erschöpft vor und zurück wiegte. Ihr Blick war der eines verzweifelten Tiers, das in der Falle sitzt.

Ange-Aimées Anwesenheit wurde unentbehrlich. Zum einen hielt sie Marie-Desneige die Dämonen vom Leib, zum anderen kaufte sie alles ein, was die Freundin zum Leben brauchte: Hausschuhe, einen neuen Morgenmantel, einen Strickbeutel und Bücher für die langen Abende. Vor allem Liebesromane. Nun, da der Winter vor der Tür stand, brauchte Marie-Desneige viele Liebesromane.

Die Fotografin bezog das grüne Zimmer im Hotel des Libanesen, kehrte aber regelmäßig nach Toronto zurück, wo sie eine Wohnung mit Dunkelkammer hatte und unzählige Fotos, über deren Schicksal sie irgendwann entscheiden musste. Doch die Großen Brände, Boychuck und das Rätsel, das ihn umgab, kamen ihr mit einem Mal sehr weit weg vor, nun, wo es da diese alte Frau gab, die aus dem Heim ausgerissen war und die gemeinsam mit zwei alten Männern in der Wildnis ein neues Leben anfangen wollte.

Ich habe immer gewusst, dass ich irgendwann ein eigenes Leben haben würde, sagte Marie-Desneige in den ersten Tagen ihrer Freundschaft zu Ange-Aimée, ich habe die Hoffnung nie aufgegeben, und weil die Fotografin sah, wie dieses neue Leben erblühte, schlüpfte sie bereitwillig in die Rolle der Ange-Aimée.

Sie waren wie eine Familie, die Nachwuchs bekommen hatte. Die kleine Gemeinschaft am See befand sich in einem Zustand der Glückseligkeit, in dem sich alles um das Wohl des Neuankömmlings dreht. Und es gab eine weitere bedeutende Veränderung, die zunächst niemandem auffiel: Sie sprachen nicht mehr vom Tod. Das Thema ging erst im Tumult von Marie-Desneiges Ankunft unter und dann im Entzücken über die vielen Neuentdeckungen, die sie machte. Marie-Desneige sah ihren ersten Schwarm Wildgänse, ihre erste Hasenspur im Schnee, ihren ersten Elch, der am Seeufer stand und trank, ihren ersten Uhu auf dem kahlen Ast einer Birke. Die Welt war jung und neu, wenn man sie durch Marie-Desneiges Augen betrachtete.

Charlie und Tom interessierten sich nicht mehr für den Tod. Sie sprachen nicht mehr über ihn, ja, sie dachten nicht einmal mehr an ihn, nun, da vor ihren Augen ein neues Leben seine Flügel ausstreckte und sich in die Lüfte schwang.

Doch ihr alter Freund lauerte immer noch ganz in der Nähe, ob sie es wahrhaben wollten oder nicht. Passten sie nicht auf, stahl er sich in ein Gespräch, das sich um etwas ganz anderes drehte. Zum Beispiel unterhielten sie sich über den ersten Schnee. Viel war bisher nicht gefallen, aber immerhin war er liegen geblieben, der Winter kam in diesem Jahr früh, wahrscheinlich würden sie mehr Brennholz als im letzten Jahr benötigen. Sie überlegten, ob sie Teds Holzvorrat aufbrauchen sollten, und Marie-Desneige fragte, wer Ted sei. Sie erklärten es ihr, und der Tod konnte kurz aufatmen, sie hatten ihn nicht vergessen. Aber nur für einen Augenblick, denn sie sprachen lieber über den lebenden Boychuck als über den toten.

Eines Tages kamen sie durch Zufall auf die Salzdose über Charlies Bett zu sprechen. Oder hatte der Tod auch da seine Finger im Spiel? Ange-Aimée, wie die Fotografin nun hieß, war schon seit mehreren Tagen bei ihnen im Wald. Sie hatte einen riesigen, schrecklich süßen und ungeheuer schweren italienischen Kuchen aus Toronto mitgebracht, den man nur in kleinen Bissen essen konnte. Es gab überhaupt keinen Grund, in diesem Moment an die Salzdose zu denken. Sie stand oben auf ihrem Regal, und sie saßen unten am Tisch und aßen den schrecklich süßen Kuchen. Es gibt nur eine Erklärung für die plötzliche Wendung des Gesprächs. Wer, wenn nicht der Tod, der frustriert und rachsüchtig in einer Ecke der Hütte kauerte, kann ihre Blicke auf die Blechdose gelenkt haben?

»Der Kuchen ist unglaublich lecker. Heute brauche ich jedenfalls kein Salz«, scherzte Tom.

Alle Blicke wanderten zu der Dose, selbst die von Marie-Desneige und Ange-Aimée, obwohl sie nicht in die Sache eingeweiht waren. Irgendjemand musste ihnen erklären, was es damit auf sich hatte. Das übernahm Charlie.

Instinktiv spürte er, dass der Tod mit ihnen am Tisch saß, und er versuchte, ihn zu verscheuchen. Er erklärte, die Dose enthalte eine Medizin für den Notfall. Hier gibt es weit und breit keinen Arzt und kein Krankenhaus, sagte er, und für jeden Menschen ist die Grenze des Erträglichen irgendwann überschritten. Angst blitzte in Marie-Desneiges Augen auf. Keiner von uns will sterben, fügte Charlie hastig hinzu, aber es hat auch niemand Lust auf ein Leben, das einem nicht mehr gehört. Marie-Desneige schloss die Augen. Wie lange war sie eingesperrt gewesen? Wie lange hatte ihr Leben ihr nicht gehört? Wie viele Jahre waren ihr gestohlen worden? Charlie kam nicht umhin, die Gedanken, die unter ihren geschlossenen Augenlidern flatterten, zu bemerken. Wenn dir die Knochen wehtun, sagte er und zeigte auf die Blechdose, lässt dich das da den Sonnenuntergang erst so richtig genießen. Weil man die Wahl hat. Wenn man die Freiheit hat, zu gehen, wann man will, entscheidet man sich leichter für das Leben.

Nun war es heraus. Sie würden kein Wort mehr darüber verlieren. In der Hütte herrschte Erleichterung. Der Tod verzog sich, zurück blieb nur ein leichtes Unbehagen. Das Gespräch wandte sich wieder handfesteren Themen zu. Tom erzählte Marie-Desneige Charlies Lebensgeschichte, um sie davon zu überzeugen, dass hier keiner sterben wollte. Dieser Sturkopf hatte seine Salzdose aus purem Trotz mit in die Wildnis genommen.

»Das hier ist mein erstes Leben«, sagte Marie-Desneige, »und ich hänge sehr daran.«

Es sollte noch viele weitere solcher Gespräche geben. Bald würde der Winter den Wald mit eisiger Starre zudecken. Dann würden nur noch Unterhaltungen am warmen Ofen ein wenig Abwechslung bringen. In diesem Jahr versprach der Winter besonders abwechslungsreich zu werden. Noch nie waren ihre Gespräche so lebhaft gewesen. Es stellte sich heraus, dass Marie-Desneige fest entschlossen war, etwas aus ihrem neuen Leben zu machen. Sie war empört, dass man ihr so viele Jahre geraubt hatte, zutiefst empört, das sagte sie immer wieder.

Die Gespräche fanden in Charlies Hütte statt. Die drei Alten und häufig auch Ange-Aimée saßen um den Tisch herum. An manchen Tagen kamen Bruno und Steve auf ihren Schneemobilen vorbei. Für sechs Personen war Charlies Hütte allerdings zu klein, und sie beschlossen dann meist, zu Marie-Desneige rüberzugehen. Ihr Häuschen war größer, und dort gab es drei Stühle. Sie mussten nur die beiden Stühle und den Metalleimer aus Charlies Hütte mitnehmen, dann konnten alle sitzen.

In diesem Winter gab es denkwürdige Momente. Zum Beispiel der, als Bruno aus der Stadt chinesisches Essen mitbrachte. Sechs Aluminiumbehälter, randvoll mit gebratenem Reis, Wokgemüse, Schweinerippchen mit Knoblauch und panierten Garnelen. Zweihundert Kilometer hin und zurück. Das Essen war eiskalt, als es eintraf, und sie wärmten es in Marie-Desneiges Herd auf, bis alles dampfte und duftete. Noch Tage später sprachen sie von nichts anderem.

Es war ein harter Winter. Sobald sie vor die Tür traten, stach ihnen die eisige Luft in die Nase. Tom musste wegen einer schlimmen Grippe zwei Wochen lang das Bett hüten, und Ange-Aimée pflegte ihn. Charlie verbrachte die Tage bei Marie-Desneige, weil ihr das Geräusch der Nägel, die in der Kälte barsten, Angst einjagte. Steve und Bruno kümmerten sich um den Rest: Sie sahen nach den Hasenschlingen, bohrten Löcher ins Eis, schleppten Wasser und Brennholz herbei. Im Grunde kümmerten sie sich um alles, weil Tom vom Fieber geschwächt war und Marie-Desneige sich vor den Geräuschen ihres Häuschens fürchtete.

Der Winter schweißte die kleine Gemeinschaft am See zusammen. Gemeinsam trotzten sie der Kälte. Dank all der Aufmerksamkeit, die die anderen ihr zukommen ließen, blühte Marie-Desneige auf wie ein junges Mädchen. Ihr Klagegesang war verstummt. Sie wurde trotzdem weiter von Ängsten heimgesucht. Am schlimmsten war das Gefühl, dass ihr

Körper sich auflöste. Jeden Abend klopfte sie deswegen an Charlies Tür.

Sie hatte noch keine einzige Nacht in ihrem Häuschen geschlafen. Marie-Desneige erklärte Charlie, dass sie ihr Leben lang in Schlafsälen übernachtet hatte. Sie war es gewohnt, das Zimmer mit zwanzig anderen Frauen zu teilen, und sie vermisste den schweren Geruch, die warmen Atemzüge, das Gewicht der Träume und ihre Freundin Ange-Aimée in dem Bett neben ihrem.

Jeden Abend wartete Charlie auf Marie-Desneige. Er entrollte die Felle und schob trockene Birkenscheite in den Ofen. Wenn sie draußen die Hand hob, um an seine Tür zu klopfen, überlief ihn ein Schauer.

Marie-Desneige betrat die Hütte und sah ihm in die Augen. Sie bat ihn stumm, sie vor sich selbst zu schützen. Unter dem Mantel trug sie ihren Morgenmantel, ein wunderschönes Kleidungsstück, wie Charlie fand, aus blütenweißer Baumwolle, mit einer rosa Stickerei am Kragen. Es war das weiblichste Kleidungsstück, das er seit langem zu Gesicht bekommen hatte. Tagsüber trugen Marie-Desneige und Ange-Aimée grobe Hemden und Männerhosen.

Marie-Desneige ging geradewegs zu ihrem Schlaflager und kroch unter die Pelze. Sobald sie sich hingelegt hatte, löschte Charlie die Lampe. Er hätte Marie-Desneige niemals in Unterwäsche empfangen.

Den ganzen Winter über trug er einen Einteiler aus Wolle, den er auch im Bett anbehielt, eine zweite Haut, die genauso streng roch wie die erste, die aber weich und grau war. Erst im Dunkeln zog sich Charlie bis auf die Unterwäsche aus und kroch unter seine Decke.

Im Winter schlief Chummy in der Hütte. Der Hund streckte sich mitten im Raum aus und bildete so einen unsichtbaren Wall, der die beiden Alten vor allzu großer Nähe schützte. So konnten sie unbefangen reden. Sie lagen im Dunkeln, ein gutes Stück voneinander entfernt, und ohnehin würde der Schlaf bald alles Gesagte verschlucken. Ihre Gespräche wirkten auf Marie-Desneige wie ein Wiegenlied. Sie schlief als Erste ein, und wenn Charlie ihren gleichmäßigen Atem hörte, stieg er vorsichtig aus dem Bett und legte ein paar Scheite für die Nacht nach.

Am Morgen war es, als hätten die nächtlichen Gespräche nie stattgefunden. Charlie stand als Erster auf, heizte den Ofen an, setzte Teewasser auf und begann, das Frühstück zuzubereiten. Marie-Desneige stand wenig später auf und half ihm. Wie ein altes Ehepaar, dachte Charlie oft, wir sind wie ein altes Ehepaar. Später wunderte er sich darüber, dass ihm bei diesem Gedanken nie die Frau in den Sinn kam, die er fünfzehn Jahre zuvor verlassen hatte.

Als Tom die beiden zum ersten Mal miteinander sah, hatte auch er den Eindruck, ein altes Ehepaar bei seiner Morgenroutine zu stören. Marie-Desneige trug noch ihren Morgenmantel, und Charlie war zwar schon angezogen, aber sein Bett war ungemacht und die Pelze lagen ausgebreitet auf dem Boden. Kein Zweifel, Marie-Desneige hatte bei Charlie übernachtet.

»Na, so was … Charlie, alter Freund …«

Tom war wie jeden Morgen vorbeigekommen, um ein wenig mit Charlie zu plaudern, und hatte ihn sozusagen auf frischer Tat ertappt. Tom hätte gekränkt oder eifersüchtig sein können. Bislang war er derjenige gewesen, mit dem Charlie sich morgens unterhielt. Ihre morgendlichen Gespräche waren den beiden immer heilig gewesen, und nun fand Tom seinen alten Gefährten in Gesellschaft einer Frau im Morgenmantel vor. Doch in der Wildnis haben solche Gefühle nichts zu suchen. Also setzte Tom sich schweigend an den Tisch. Er wartete, dass der Aufruhr in seinem Inneren sich legte und er etwas sagen konnte.

Die anderen gewöhnten sich daran, Charlie und Marie-Desneige zusammen zu sehen. Wenn sie nicht bei ihm war, war er bei ihr oder sie stapften gemeinsam durch den Tiefschnee und hielten Ausschau nach den ersten Anzeichen des Frühlings, der in diesem Jahr spät dran war, Marie-Desneige zart und zerbrechlich wie ein Vögelchen, das zitternd auf einem Ast sitzt und jeden Moment von einem Windstoß davongetragen werden kann, Charlie wuchtig und schwer wie ein Felsbrocken, den nichts erschüttern kann.

Charlie musste nur die Hand auf die Stelle legen, auf die Marie-Desneige zeigte, und schon ging es ihr besser. »Hier«, sagte sie. Mal war es die Lunge, mal der Magen, mal die Leber. Das Organ wurde erst kalt und drohte dann zu verschwinden. Charlies Hand verhinderte das, und Marie-Desneige lächelte beruhigt, wenn das Leben in sie zurückkehrte.

Charlie war ein alter Bär, der ein Geschöpf der Lüfte am Boden hielt.

»Charlie, alter Freund! Sieht ganz so aus, als hättest du ein drittes Leben geschenkt bekommen.«

In Charlies Hütte herrscht Kälte. Der Vollmond steht hoch am Himmel, die Nacht ist eisig. Rings um den Ofen ist es halbwegs warm, aber die Wärme breitet sich nicht weiter aus.

Von seinem Bett aus beobachtet Charlie besorgt die weißen Wölkchen, die aus dem Pelznest aufsteigen. Er wünschte, Marie-Desneige würde tiefer unter die Felle kriechen, aber er weiß, dass sie erst einschlafen wird, wenn sie zu Ende erzählt hat.

»Beim ersten Mal glaubte ich, ein fremdes Wesen hätte von meinem Körper Besitz ergriffen, ein Engel oder so. Ich glaubte, ich würde davonfliegen. Angst hatte ich keine. Es fühlte sich sehr echt und gleichzeitig sehr unwirklich an. Es war wie ein Spiel. Ich ließ meinen Körper zurück und sagte zu meiner Mutter, ich sei nun ein Engel.«

Marie-Desneige versucht zu beschreiben, was mit ihr geschieht, wenn sie ihren Körper verlässt, ein Gefühl, das sie seit ihrer Jugend kennt.

»Sie sperrten mich weg. Damals war ich sechzehn.«

Charlie macht sich Sorgen.

»Mittlerweile ist da kein fremdes Wesen mehr, kein Engel, keine übersinnliche Kreatur, nur noch ich selbst und die Leere. Sie fühlt sich sehr echt an. Ich

kann das nur schwer erklären. Es fängt ganz langsam an, mit einem seltsamen Gefühl im Bauch, meist in der Nähe der Leber oder eines anderen Organs. Dann breitet sich die Leere nach und nach im ganzen Körper aus. Meinen Körper zu verlassen, ist ganz einfach, aber in ihn zurückzukehren, ist ein grauenhaftes Gefühl. Deshalb gerate ich in Panik, sobald ich die Leere spüre.«

Charlie sorgt sich nicht um den Teil von Marie-Desneige, der unter den Pelzen verborgen ist. Er weiß, wie warm und gemütlich das Nest ist, er hat oft mit Chummy darin geschlafen. Sorgen bereitet ihm vielmehr Marie-Desneiges Kopf, der als heller Fleck aus dem Nest herausschaut. Ihr Atem steigt in weißen Wölkchen auf. Es wird immer kälter in der Hütte.

»Erzähl mir von Ange-Aimée.«

Er hofft, dass Marie-Desneige müde wird, wenn sie ihm zum hundertsten Mal dieselbe Geschichte erzählt. Vielleicht würde sie dann tiefer unter die Felle kriechen.

»Als wir uns kennenlernten, war ich siebzehn und sie einundzwanzig. Nach der Geburt ihres ersten Kindes litt sie unter Schwermut. Die Ärzte diagnostizierten unheilbare Melancholie und entfernten ihr die Gebärmutter. Als ich sie zum ersten Mal sah, ging es ihr sehr schlecht. Sie saß den ganzen Tag im Aufenthaltsraum und wiegte ein unsichtbares Baby im Arm. Bei mir hatten die Ärzte eine vorzeitige Demenz

festgestellt, weil ich das Gefühl hatte, mein Körper löse sich auf. Später nannten sie es Schizophrenie. Ich nahm ihr Baby auf den Arm, das war der Beginn unserer Freundschaft. Ich fragte, ob ich das Baby einmal halten dürfe, und sie überreichte es mir ganz vorsichtig. Ebenso vorsichtig nahm ich es entgegen, und dann wiegte auch ich das Baby im Arm und sang ihm ein Lied vor. Wir lernten, uns von diesem grauenhaften Ort fortzuträumen, indem wir uns abwechselnd um ein unsichtbares Baby kümmerten. Ein Jahr lang wiegten wir das Baby im Arm. Dann starb es, wir begruben es, und Ange-Aimée wurde die Königin von Schottland und England. Die Karpaten und die Vereinten Nationen kamen später hinzu. Die Flucht in eine andere Welt rettete uns das Leben. Ein paar Jahre lang lebten wir in unserer eigenen Welt. Wir sahen die Ratten und die Kakerlaken nicht, wir hörten das Weinen und Schreien der anderen Patienten nicht. Wir lebten in unserem eigenen Reich mit eigenen Gesetzen, wir lebten in unserer Fantasie. Ange-Aimée war meine Königin, ich ihre Kammerzofe. Mein Körper hielt sich ganz gut. Manchmal spürte ich, wie er sich davonmachte, aber wenn ich mich zusammenriss, kam er zurück.«

»Ist dir nicht kalt?«

Er will nicht, dass sie weitererzählt. Die Trennung, die Elektroschocks, das Insulinkoma, all das will er nicht hören. Er erträgt es nicht. Die beiden Freundin-

nen wurde:trennt. Die Ärzte waren der Meinung sei schädlich. Für wen und warunht, und als Insasse der Queen Strestellte man solche Fragen nicht. Angei die Abteilung für besonders schwerund für Marie-Desneige begann die . Ihre Panikattacken verschlimmertoer begann, ohne Vorwarnung zu verolgten Elektroschocks und Insulinkomcobierten alle damals üblichen Folterır aus. Nur die Lobotomie blieb ihr erspicht, was aus Ange-Aimée geworden istzundin nie wiedergesehen.

»Nein, aberıicht?«

In ihrem Best hört Marie-Desneige, wie Charlie a Bett hin- und herwälzt. In der Hütteılt. Der Ofen bollert, aber Vollmondnäcbittlich. Charlie steht immer wieder aHolzscheite nach. Sie weiß, dass er kein A:d. Er wird die ganze Nacht über das Feue

»Komm herhön warm. In deinem Bett erfrierst du nc

Die Einladukend. Er weiß, wie gut die Pelze wärmenn Marie-Desneige schlafen, so nah neben das geht nicht, da sträubt sich sein Körpert fallenlassen, das kann er nicht.

Charlie steht noch einmal au zu-
legen, und als die Kälte seinen Kö hrt
der ihn zu Marie-Desneiges Schl

»Siehst du, so schwer ist das d agt
sie und hebt die Felle an. Sie li der.
Ihr Atem vereinigt sich zu einer e in
die Dunkelheit aufsteigt.

Chummy kriecht zu ihnen.

Es ist ihre erste gemeinsame N st.

Junge Mädchen mit langem Haar

Der Frühling kam in diesem Jahr spät. Bis das Eis auf dem See schmolz, war es Ende Mai, und erst im Juni wurde es richtig warm. Im Wald lag stellenweise noch Schnee, und selbst wenn die Sonne schien, wehte ein kühler Wind.

Mitte Juni war es an der Zeit, die Hanfsetzlinge in die Erde zu bringen. Die Jungpflanzen standen seit über einem Monat in der Küche des Hotels, und sie mussten in den Boden, bevor sie verkümmerten. Die Plantage lag an einem Hang in der Nähe von Toms Hütte. Das Einpflanzen war nicht kompliziert, aber es dauerte mehrere Tage, und so blieben Marie-Desneige und Ange-Aimée allein auf Charlies Lichtung zurück, während die Männer arbeiteten.

Ange-Aimée wusste schon seit einer ganzen Weile, was da los war. Ihre Freunde kannten keine Geldsorgen, Steve und Bruno rauchten im Hotel dicke Joints, und in der Küche stapelten sich Düngersäcke. Sie hatte eins und eins zusammengezählt.

Marie-Desneige hingegen verstand gar nichts. Die anderen erklärten es ihr immer wieder, aber es wollte ihr nicht in den Kopf. Zigaretten, die man raucht, um der Wirklichkeit zu entfliehen und die Gedanken auf Reisen zu schicken, sagten sie. Marie-Desneige begriff nicht, warum gesunde Menschen sich aus freien Stücken dem Wahn hingaben.

Die beiden Frauen hatten also ein paar Tage ganz für sich. Sie unternahmen lange Spaziergänge. Alles um sie herum grünte und spross, der Sommer hatte es eilig. Sie folgten Trampelpfaden durch den Wald, stießen auf einen plätschernden Bach und weiter unten in seinem Lauf auf ein Felsbecken, in dem Hechte laichten. Am Ufer wuchsen winzige Veilchen. Pfingstveilchen, sagte Ange-Aimée, als Erinnerungen an ihr früheres Leben in ihr aufstiegen. Die sind essbar, man kann Marmelade daraus kochen, und schon krochen die beiden Frauen auf allen vieren durchs Unterholz.

Sie statteten Toms Lichtung einen Besuch ab und wunderten sich über das Durcheinander, und gingen mehrmals bei Ted vorbei, bevor sie sich trauten, sein Camp zu betreten. Nach den Gesprächen im Winter war der Ort für sie eine Art Mythos, fast ein Heiligtum. Seit dem vergangenen Sommer war niemand mehr dort gewesen. Zögernd betraten sie Teds Hütte und sahen sich ehrfürchtig um.

Ange-Aimée mit ihrem geschulten Fotografinnenauge entdeckte die drei Bilder sofort. Sie trat neugierig näher. Wider Erwarten waren sie weder naiv noch ungelenk. Schwarze Linien vor einem grauen Schleier. Die Gemälde stammten eindeutig aus der Hand eines echten Künstlers. Durch den Grauschleier schimmerten mehrere Farbtupfer, die zum Teil ineinander übergingen und die von einem dunkelblauen Oval umrahmt wurden. Die Komposition der drei Bilder war identisch, allerdings hatte das auf der Staffelei die größte emotionale Wucht. In der Mitte dieses Bildes gab es einen helleren Bereich, eine Tiefe, an der es den anderen fehlte.

»Sie sind alle tot. Die Menschen in der Höhle.«

»Was? Wovon redest du?«

»Sie sind zu sechst, vielleicht sind es auch mehr. Der rosa Tupfer in dem orangen Fleck da, das könnte ein kleinerer Mensch sein, vielleicht ein Kind, ja, ein Kleinkind oder ein Baby. Sie sind alle tot. Sieh mal, wie hart und kalt das Blau ist, das sie umgibt. Vielleicht ist der orange Fleck auch schwanger, vielleicht ist das Kind noch gar nicht geboren. Ja, das ist es, der rosa Fleck ist entweder ein ungeborenes Kind oder ein Säugling im Arm seiner Mutter. Jedenfalls rührt sich in der Höhle niemand mehr.«

Es war keine Höhle, es war ein Keller, und zwar der Kartoffelkeller, in dem Teds Familie erstickt war. Vater, Mutter und fünf Geschwister. Die Höhle war das Einzige, womit Marie-Desneige falschgelegen hatte. Es war beeindruckend. Marie-Desneige hatte das Gemälde so anschaulich beschrieben, dass nun auch Ange-Aimée in dem orangen Farbfleck das ungeborene Kind erkannte. Sie sah die beschützende Haltung der Mutter und neben ihr den Vater als gelben Fleck. Auch seine Haltung war beschützend, und er hatte ein Kind auf dem Schoß, ein hellroter Fleck. Der kleine Junge weinte, als er starb, erklärte Marie-Desneige.

»Wie machst du das?«

»Sechzig Jahre lang verfolgte ich, was um mich herum geschah. Ich hörte, was die Leute sagten oder verschwiegen. Ich nahm alles wahr, was sie preisgaben, ob sie es wollten oder nicht, jeden Blick, jede Geste. Ich prägte mir alles ein, und abends im Bett ließ ich es Revue passieren. Die Szenen zogen wie ein Film an mir vorbei, und ich achtete auf jedes Wort, jedes noch so kleine Detail.«

Der Fotografin kam in den Sinn, was Bruno über seine Tante gesagt hatte. Sie sieht Dinge, die andere nicht sehen.

»Was siehst du noch?«

»Dass du jetzt am liebsten auf der Stelle mit mir in die andere Hütte gehen würdest. Dir ist heiß, deine Poren sind geweitet, und du bist ganz aufgeregt bei dem Gedanken an all die Gemälde in der anderen Hütte.«

»Es sind Hunderte.«

»Du wirst dich noch etwas gedulden müssen, meine Liebe. Mir tun die Knochen weh. Morgen vielleicht, falls schönes Wetter ist und ich die Kraft für einen Spaziergang habe.«

Ange-Aimée war nun wieder ganz die Fotografin.

Die Bilder erzählten eine Lebensgeschichte, die Geschichte des Jungen, der durch die rauchenden Trümmer gewandert war, die Geschichte des Mannes, der sein Leben lang im Unglück gefangen gewesen war. In den Farbklecksen, in denen niemand außer Marie-Desneige etwas erkennen konnte, verbarg sich die Geschichte, die die Fotografin bei ihren Recherchen zu den Großen Bränden nicht zu fassen bekommen hatte.

Doch Marie-Desneige fühlte sich in diesem Augenblick sehr alt und sehr müde. Sie war blass, fast schon bleich, und saß zusammengekrümmt auf Teds Stuhl. Der Spaziergang und die Betrachtung des Bildes hatten sie erschöpft. Ange-Aimée, die nun wieder ganz die Fotografin war, sah bedauernd ein, dass Marie-Desneige sich ausruhen musste. Morgen machen wir keinen Spaziergang, beschloss sie, morgen hole ich die Bilder und bringe sie zu ihr. Nur ein paar, sieben oder acht, mehr nicht.

Es enttäuschte die Fotografin, wie ungerührt die anderen die Neuigkeit aufnahmen. Die Männer waren mit dem Einsetzen der Hanfpflanzen fertig und planten für den nächsten Tag eine Angelpartie, als Belohnung für die harte Arbeit. Die Forellen, die im klaren Wasser des Sees schwammen, waren sehr viel interessanter als irgendein Rätsel in einem Gemälde. Wenn Ted gewollt hätte, dass wir seine Bilder verstehen, hätte er sie anders gemalt. Bruno und Steve hatten ein paar Tüten zu viel geraucht, ihre Bewegungen waren verlangsamt, sie grinsten breit, und die Neuigkeit drang kaum zu ihnen durch.

Niemand wunderte sich darüber, dass ein Junge, den man für blind gehalten hatte, viele Jahre später die von Marie-Desneige geschilderte Szene auf die Leinwand gebracht hatte. Nur Charlie zeigte sich überrascht, allerdings wegen Marie-Desneige. Er warf ihr einen bewundernden Blick zu, der den anderen nicht verborgen blieb.

Am nächsten Tag gingen sie angeln. Die Forellen tummelten sich in einer Bucht am gegenüberliegenden Seeufer, auf Höhe von Teds Hütte. Die Überfahrt in dem alten Holzkanu dauerte keine zwanzig Minuten. Da nur vier Menschen in dem Kanu Platz hatten, mussten sie zweimal übersetzen. Die Hunde schwammen hinterher.

Die Bucht, die sich hinter einer schmalen Landzunge verbarg, war wunderschön. Auf dem Wasser tanzten Sonnenstrahlen, und am Ufer wechselten sich schroffe Felsen mit kleinen Sandstränden ab. Dahinter wuchs ein dichter Zedernwald, dessen harziger Duft die Mücken fernhielt.

Am Ufer stand eine kleine Hütte, die sie nur im Sommer benutzten. Von außen erinnerte sie an die Hütten, in denen die Alten wohnten, aber sie war sehr viel spartanischer eingerichtet. Drinnen gab es nur einen kleinen Ofen, drei Bettgestelle mit zusammengerollten Fellen, einen Tisch, drei Stühle sowie ein Küchenregal und eine kleine Arbeitsfläche. Es war rührend, dass drei fast hundertjährige Männer, die mitten in der Wildnis lebten, das Bedürfnis nach einem Ort verspürten, an dem sie die Sommerfrische verbringen konnten, nur zwanzig Minuten entfernt von ihrer Einsiedelei. Wie Stadtbewohner mit einem Wochenendhäuschen auf dem Land, dachte die Fotografin.

Ted war an diesem Ort sehr gegenwärtig. Er war zwar kein besonders geselliger Typ gewesen, aber ein passionierter Angler. Jedes Mal, wenn eine Forelle anbiss, dachten sie an ihn.

Sie sprachen viel über Ted, über die Art, wie er seine Angel ausgeworfen hatte, mit sparsamen Bewegungen und immer an einer schattigen Stelle. Biss ein Fisch an, lächelte er leicht. Selbst über einen dicken Fang verlor er kein Wort. Ted war niemand, der mit seinen Erfolgen prahlte. Er behielt alles Persönliche für sich. Zur Genugtuung der Fotografin sprachen Tom und Charlie nun endlich auch über die Bilder, die Ted hinterlassen hatte und die vielleicht der Schlüssel zu seinem Leben waren. Tom blieb skeptisch. Ted hatte für niemanden existiert, nicht einmal für sich selbst, warum hätte er sich da die Mühe machen sollen, eine Botschaft in Bildern zu verstecken, die kein Mensch verstand?

Charlie war anderer Meinung. Ted hatte vermutlich ein sehr viel bewegteres Leben geführt, als sie es sich vorstellen konnten. Von uns dreien, sagte er, hatte Ted am meisten zu erzählen gehabt. Vielleicht war es zu viel gewesen, um es in Worte zu fassen. Ein Mann, der die letzten zwanzig Jahre seines Lebens damit verbrachte, Farbflecken einen Sinn zu geben, hatte eine Menge zu erzählen.

Charlies Worte waren überzeugend, und so begannen sie gleich am nächsten Tag damit, Teds Geheimnis auf den Grund zu gehen. Damit würden sie den ganzen Sommer beschäftigt sein.

Sie brachten die Gemälde zu Marie-Desneige, immer nur fünf pro Tag, mehr nicht, darauf achtete Charlie genau. Anschließend trugen sie sie zurück in Teds Schuppen, beschrifteten sie und ordneten sie chronologisch. Die Bilder erzählten die Geschichte des Großen Brandes von Matheson, das erkannte die Fotografin schnell. Sie erzählten von den sechs Tagen, in denen Ted durch die rauchenden Trümmer geirrt war.

Insgesamt waren es dreihundertsiebenundsechzig Bilder. Die meisten zeigten mehr oder weniger dasselbe Motiv, mehrere Farbkleckse hinter dichtem grauen Rauch, aber es gab auch einige, auf denen im Vordergrund ein Licht strahlte. Diese Bilder handelten von den Momenten unmittelbar nach dem Brand. Die Fotografin erkannte auch ohne Marie-Desneiges Hilfe, was sie darstellten. Das goldene Licht, von dem alle Überlebenden der Brände gesprochen hatten, erfüllte die ganze Leinwand, und im Hintergrund zeichneten sich verkohlte Baumstümpfe als zarte Silhouetten ab. Um in dem schwarzen Wust unten im Bild Leichen zu entdecken, brauchte es allerdings Marie-Desneiges besonderen Blick.

Den ganzen Sommer über setzte die Fotografin Puzzleteile zusammen, denn Ted hatte seine Bilder nicht gemalt, wie man einen Roman schreibt. Er hatte keine Geschichte erzählen wollen. Er hatte eine oder mehrere Versionen von einer bestimmten Szene gemalt, die Bilder dann in seinen Schuppen gestellt und sich der nächsten Szene zugewandt, die zwei oder fünf Tage später stattgefunden haben mochte. Er scherte sich nicht um die Reihenfolge seiner Erinnerungen, er bannte sie auf die Leinwand, um sich von ihnen zu befreien, vielleicht auch, um sie einer ungewissen Nachwelt zu hinterlassen. Die dicken Farbschichten zeugten davon, dass er auf jedes Gemälde viel Zeit verwendet hatte.

Während seiner Wanderung durch die qualmende Landschaft war Ted also nicht die ganze Zeit blind gewesen. Die Fotografin kam zu dem Schluss, dass er das Augenlicht nur kurzzeitig verloren hatte. Einige seiner Bilder zeigten Szenen, die die Überlebenden der großen Brände geschildert hatten und die der junge Boychuck nicht hätte sehen können, wenn er tatsächlich blind gewesen wäre. Die Szene mit den Männern im Teich zum Beispiel. Es muss ein unwirklicher Anblick gewesen sein. Drei Männer, die bis zur Brust im schlammigen Wasser eines Teiches standen, hinter ihnen ein Elch und auf der Schulter des Jüngsten ein Vogel. Die Fotografin erkannte den alten Mann, der ihr die Szene geschildert hatte, in dem Jungen mit dem Vogel auf der Schulter kaum wieder, aber alle Details waren da, in den breiten Pinselstrichen. Man konnte sich der Endzeitstimmung des Bildes nicht entziehen. Er taumelte durch die rauchende Landschaft, hatte der Alte gesagt, als folgte er den Schritten eines Riesen, als wollte er in Gottes Fußstapfen treten.

Einige von Teds Bildern erzählten Geschichten, die die Fotografin noch nie gehört hatte. So hatte keiner der Überlebenden die beiden jungen Mädchen erwähnt, die auf einem Floß den Black River hinuntertrieben. Sie lagen bäuchlings auf dem Floß, und ihr helles blondes Haar umhüllte ihre Körper. Auf dem Gemälde waren nur zwei goldene Streifen vor einem schwarzem Grund zu sehen, in dem Marie-Desneige einen Fluss erkannte. Erst nachdem sie weitere Bilder gesehen hatte, die dasselbe Motiv aus einer anderen Perspektive darstellten, und dann noch welche, in denen die Mädchen auf dem Floß standen oder knieten, entdeckte Marie-Desneige die menschlichen Gestalten unter dem wallenden Haar. Dieselben jungen Mädchen kamen noch in einer anderen

Serie vor. Marie-Desneige erkannte sie auf Anhieb wieder. Diesmal schwenkten sie die Arme über den Köpfen. Sie haben am Ufer jemanden gesehen und rufen um Hilfe, erklärte sie.

Im Laufe des Sommers begegneten ihnen die beiden Mädchen noch mehrmals. Charlie und Tom, die sich anfangs von den Bildern ferngehalten hatten, begannen sich für die Geschichte der beiden jungen Mädchen zu interessieren. Denn nichts anderes waren die Gemälde, eine Geschichte mit einem Anfang und einem Ende. Auf einem Bild trieben die Mädchen in der Ferne den Fluss herab, auf dem nächsten sah man sie näher kommen, auf einem dritten paddelten sie mit den Händen, auf einem vierten war das Floß gekentert. Zumindest vermutete Marie-Desneige das. Diese Serie war schwer zu entziffern. Zum Ende hin wurde die Geschichte immer wirrer. Die letzten Bilder bestanden nur noch aus Streifen und Schlieren in grellen Farben, Ted war zur Spachteltechnik und zum Dripping übergegangen.

Eines Tages gelang es Marie-Desneige, ein besonders rätselhaftes Gemälde zu entschlüsseln. Es handelte sich um ein Porträt der beiden Mädchen. Marie-Desneige zeigte, welche Linien in den dicken Farbschichten das Gesicht, den Mund und die Wangen umrissen, sie wies auf einen schwachen rosa Schimmer, da, das sind die Augen, und schließlich auf das, was die beiden Mädchen unverwechselbar machte, ein Gewirr aus goldenen Strichen, das Haar.

»Die Polson-Zwillinge!«, rief Tom. Er wunderte sich selbst, dass er in dem Durcheinander etwas erkannte.

»Wer?«

»Die Polson-Zwillinge. Sie waren unglaubliche Schönheiten! Und ihr Haar erst! Sie hatten wunderschönes Haar! Aber Ted hat übertrieben, so lang war es nicht. Es reichte ihnen nicht bis zu den Knöcheln.«

Viel wusste Tom nicht über die beiden Schönheiten. Sie stammten aus Matheson, der Vater kam aus Schottland, die Mutter aus Lettland. Sie waren die Attraktion des Ortes. Die Leute kamen von weit her, um sie zu bestaunen, sogar aus Hearst. Die Mädchen wurden immer schöner, und als sie zu jungen Frauen heranwuchsen, beschlossen die Eltern, sie vor den Augen der Welt zu verstecken. Sie waren einfach zu schön für so eine kleine Stadt. Von ihrer Odyssee auf dem Black River wusste Tom nichts. Er meinte sich zu erinnern, dass eine der Schwestern in Cochrane geheiratet hatte und die andere mit einem Musiker durchgebrannt war.

Sicher war nur, dass die Schwestern den jungen Boychuck tief beeindruckt hatten. Ganze zweiunddreißig Gemälde waren ihnen gewidmet. War Ted in eine von ihnen verliebt gewesen? In beide? Die Frage drängte sich auf.

Nachdem Marie-Desneige das Porträt der Polson-Zwillinge entziffert hatte, nahm Charlie sie mit zur Sommerhütte, damit sie sich ausruhen konnte. Sie brauchte Ablenkung, fand er. Die Beschäftigung mit den Bildern strengte sie zu sehr an.

Die Fotografin nutzte den restlichen Tag, um die Gemälde zu sortieren und zu beschriften. Am schwersten tat sie sich mit der Suche nach passenden Titeln. Bei der Serie über die Polson-Zwillinge war der Titel naheliegend. *Junge Mädchen mit langem Haar*, Nummer 1 bis 32. Viele andere Bilder blieben vorerst namenlos, sie lehnten an der Wand und warteten darauf, dass die Fotografin eine Inspiration hatte. Ein Bild nannte sie bei sich *Das Kind im Bach*, aber sie konnte sich nicht dazu durchringen, ihm einen derart banalen Titel zu geben. Ein Kind, das so etwas Schlimmes erlebt hatte, verdiente mehr Achtung. Dann gab es da noch die Serie über das Inferno von Nushka. Apokalyptische Bilder, ein stummer Schrei. Zweien, die aus der Serie herausstachen, gab sie den Titel *Weinende Kuh*. Darüber musste sie nicht lange nachdenken. Die Kuh auf den beiden Bildern vergoss eindeutig Tränen. In *Weinende Kuh 1* tropften die Tränen einzeln auf die qualmenden Trümmer, in *Weinende Kuh 2* flossen sie in Strömen. Die Fotografin fragte sich, warum Ted sich dieser Fantasie hingegeben hatte.

Am Abend kehrten Marie-Desneige und Charlie

zurück. Sie wirkten entspannt und glücklich. Der Ausflug hatte ihnen gutgetan.

Am nächsten Tag setzten sie die Arbeit an den Bildern fort. Von nun an achteten sie darauf, dass Marie-Desneige regelmäßig Pausen einlegte. Die Entschlüsselung kostete sie mehr Kraft, als sie gedacht hatten. Nach jeweils vier oder fünf Tagen war Marie-Desneige völlig erschöpft, und die Bilder verschwammen ihr vor den Augen. Wieder einen Tag älter, sagte sie mit mattem Lächeln, und dann nahm Charlie sie mit zur Sommerhütte.

Im Norden sind die Sommer kurz und heiß. Die Hitze ist trocken, die Luft steht, es geht kein Wind, und nur ein Bad im See bringt etwas Abkühlung. Genau das taten Marie-Desneige und Charlie vermutlich. Wenn sie zurückruderten, strahlten sie übers ganze Gesicht. Marie-Desneige saß wie eine Galionsfigur vorne im Kanu, kaum wiederzuerkennen, weil ihr das nasse Haar am Kopf klebte, und Charlie führte das Paddel wie ein Prinz.

Der Sommer neigte sich bereits seinem Ende zu, als sie auf ein Gemälde stießen, das den Nachforschungen der Fotografin eine völlig neue Richtung gab. Das Bild war verblüffend realistisch, ganz anders als Teds sonstige Werke. Es handelte sich um das Porträt einer Frau, die die Fotografin auf Anhieb wiedererkannte. Den Augen der Frau, in hellen Farben vor einem violetten Hintergrund, konnte man sich nicht entziehen. Ihr Blick war sanft, fast zärtlich. Die ganze Ausstrahlung der Frau ging von ihren Augen aus, die entweder blau oder grün waren, die Farbe war schwer zu fassen, aber das Licht in ihren Augen hatte die Fotografin schon einmal gesehen. Die Frau auf dem Gemälde war zwanzig oder dreißig Jahre jünger als bei ihrer Begegnung, sie hatte weniger Falten und ihr Haar war noch nicht schlohweiß, aber in den Augenwinkeln schimmerte dasselbe rosa Licht. Es gab keinen Zweifel, das war die alte Dame aus dem High Park, die auf einer Bank gesessen und Tauben gefüttert hatte. Hundertzwei Jahre alt, konnte das wirklich sein?, fragte sich die Fotografin wieder.

Auf dem Bild war ihr Blick nicht verschmitzt, sondern liebevoll.

»Sie ist verliebt«, erklärte Marie-Desneige.

»Verliebt?«

»Ja. In den, der sie ansieht.«

Sie liegen in der Sommerhütte tropfnass auf einem Lager aus Pelzen. Sie waren baden, und Marie-Desneige ist erschöpft, weil sie gegen eine Panikattacke ankämpfen musste. Der Anfall kam ohne Vorwarnung. Sie waren Hand in Hand in den See gegangen, als Charlie spürte, wie sich Marie-Desneiges Finger leicht verkrampften. Das Wasser reichte ihnen bereits bis zu den Schultern.

Charlie merkte sofort, dass etwas nicht stimmte. Marie-Desneiges Blick war hart und konzentriert.

Er nahm sie auf den Arm und trug sie zum Ufer. Marie-Desneige wehrte sich nicht, sie ließ es geschehen, und als er sie in der Sommerhütte auf das Pelzlager betten wollte, klammerte sie sich an ihn. Sie wollte nicht, dass er sie losließ. Also hielt er sie fest.

»Schon gut. Es ist vorbei, alles ist gut.«

Sie liegen in der dunkelsten Ecke der Hütte, aber an einem schönen Sommertag wie diesem ist es selbst in der dunkelsten Ecke hell. Charlies Blick folgt dem Licht, das auf Marie-Desneiges Körper fällt und jede Falte ausleuchtet.

Sie sind nackt.

Die ersten Male waren sie in Unterwäsche ins Wasser gegangen, aber der nasse Stoff klebte unangenehm auf der Haut, und so badeten sie mittlerweile nackt. Sie hatten sehr unterschiedlich auf die Nacktheit des anderen reagiert. Marie-Desneige musste ein Lachen unterdrücken. Charlies breiter Oberkörper saß auf zwei schmächtigen O-Beinen, zwischen denen das Glied baumelte, das ihr riesig vorkam, fast überdimensional. Charlie hingegen konnte den Blick nicht von dem weißen Büschel Schamhaar zwischen ihren Schenkeln lösen. Bald gewöhnten sie sich daran, miteinander nackt zu sein. Sie genossen das Schwimmen noch mehr, seit das Wasser ihnen direkt über die Haut strich, ohne ein störendes Stück Stoff.

»Schschsch. Nein, bitte nicht.«

In seinem Armen ist sie ganz klein. Er hält sie wie ein Kind.

»Schschsch, nein, nicht singen. Bitte nicht, nicht singen.«

Der Kampf dauert an. Noch ist ihr Körper nicht zu ihr zurückgekehrt. Als Charlie sie behutsam hin- und herwiegt, beruhigt sie sich ein wenig, aber das sanfte Schaukeln beschwört auch den monotonen Gesang herauf, der ihr dabei hilft, ihren Körper wiederzufinden. Charlie kann den Klagegesang nicht ertragen, also beginnt er selbst vor sich hin zu singen, drei einzelne Noten, ein Lied aus einem früheren Leben, mit dem seine Frau die Kinder in den Schlaf gesungen hatte.

»Ahahahaha, uhuhuhuhu, ohohohoho …«

Das Schlaflied wirkt. Marie-Desneige entspannt sich.

»Hier«, sagt sie.

Charlie streckt sich neben ihr auf den Pelzen aus und legt eine Hand auf die Stelle, auf die sie deutet. Die Haut unter seiner schwieligen Hand ist warm und weich.

»Und hier«, sagt sie.

Die Hand streichelt den Bauch unter der schlaffen Brust.

Sie lächelt und kehrt ins Leben zurück. Charlie spürt, wie sich die Knoten der Panik unter seiner Hand auflösen.

»Hier?«, fragt er und zeigt auf das weiße Büschel.

Sie lächelt anzüglich, sie ist keine dreißig Jahre alt. Auch er ist mit einem Mal viel jünger. In diesem Moment sind sie höchstens fünfzig Jahre alt. Vielleicht auch nur zwanzig.

Die Sammlung tragischer Liebesgeschichten

Beim ersten Mal hatte die Frau in dem kleinen Museum von Matheson sich der Fotografin als Miss Sullivan vorgestellt. Kein Vorname, nur dieses Miss, das sie betonte wie einen Adelstitel. Die Fotografin hatte die Frau als alte Jungfer in Erinnerung, hager, spröde und gebeugt. Vielleicht litt sie unter Plattfüßen und einer Wirbelsäulenfehlstellung, hatte die Fotografin gedacht, ihr langer Körper wirkte jedenfalls erstaunlich instabil. Miss Sullivan war eine hoffnungslose Romantikerin. Sie hatte der Fotografin erzählt, der junge Boychuck sei tagelang durch die rauchenden Trümmer geirrt, weil er nach seiner Jugendliebe gesucht habe, und deshalb besuchte die Fotografin das kleine Museum von Matheson nun zum zweiten Mal.

Sie hatte Teds Porträt von der alten Dame im Park dabei.

Miss Sullivan erkannte die Frau auf dem Bild sofort. Angie Polson, sagte sie. Angie ist die, die mit einem Musiker durchgebrannt ist. Die andere Schwester hieß Margie und ist lange tot. Angie war die Exzentrischere der beiden, fügte Miss Sullivan hinzu. Das konnte sich die Fotografin gut vorstellen.

Sie hatte auch mehrere Gemälde aus der Serie *Jun-*

ge Mädchen mit langem Haar mitgebracht. Nicht weil sie hoffte, Miss Sullivan würde die Schwestern erkennen, schließlich hatte selbst Marie-Desneige auf den Bildern nicht viel sehen können. Nein, sie wollte nur, dass Miss Sullivan ihr noch einmal von den Blumen erzählte, die Boychuck auf seiner Wanderung angeblich in den Händen gehalten hatte. Blumen für sein Mädchen, hatte Miss Sullivan beim ersten Besuch der Fotografin gesagt. Ein Melodram für alte Jungfern, hatte die Fotografin damals gedacht, aber nun fragte sie sich, ob an der Liebesgeschichte nicht doch etwas dran war.

Als die Fotografin erzählt hatte, dass sie noch einmal nach Matheson in das Museum fahren wollte, hatte Tom bissig bemerkt: »Hast du kein eigenes Leben? Oder warum interessierst du dich so sehr für das Leben anderer?«

Die Fotografin wusste, dass Tom und Charlie hinter ihrem Rücken über sie redeten. Die beiden Alten mochten sie und verbrachten gern Zeit mit ihr, aber sie wunderten sich, dass eine junge Frau – sie schätzten sie auf Anfang vierzig – nicht mehr vom Leben wollte. Sicher, ab und zu fuhr sie nach Toronto, um zu arbeiten und ein paar Dinge zu erledigen, aber sobald sie alles geregelt hatte, kam sie zurück zu ihnen in die Wildnis. Offenbar konnte sie nicht anders. Sie brauchte die alten Menschen, ob auf Fotos, Gemälden oder aus Fleisch und Blut.

»Du kümmerst dich ja nicht gerade viel um dein eigenes Leben«, meinte Charlie eines Tages.

»Bruno und Steve doch auch nicht.«

»Das ist was anderes«, sagte er und machte eine Geste, als zöge er an einem Joint.

Um Steve und Bruno musste man sich keine Sorgen machen, ihr Weg war vorgezeichnet. Sie würden eine Tüte nach der anderen rauchen und irgendwann in eine Hütte im Wald ziehen. Eines Tages würden *sie* die beiden Alten in der Einsiedelei sein. Oder sie blieben im Hotel des Libanesen, falls es dann noch stand.

»Willst du dich etwa auch um die beiden kümmern, wenn sie alt sind?«

Darauf gab die Fotografin keine Antwort. Charlie machte sich etwas vor, wenn er auf Nachfolger hoffte. Bruno war nicht für das Einsiedlerleben geschaffen, und Steve, na ja, Steve vielleicht schon, bei Steve wusste man nie, er scherte sich nicht um die Zukunft. Doch die Fotografin kiffte nur selten, sie zog hin und wieder an einem Joint, mehr nicht, und zur Altenpflegerin fühlte sie sich auch nicht berufen. Die Rolle der Ange-Aimée hatte sie erst aus Mitleid gespielt, dann aus Freundschaft und schließlich, weil sie fand, dass sie gut zu ihr passte. Es hatte etwas Tröstliches gehabt, in eine fremde Haut zu schlüpfen. Es hatte ihr Kraft gegeben. Doch seit sie Teds Gemälde entdeckt hatte, kam ihre alte Persönlichkeit wieder zum Vorschein, und deshalb war sie noch einmal nach Matheson gefahren.

Miss Sullivan war entzückt. Es verirrten sich nicht viele Leute in ihr Museum, und kaum jemand kam wieder. Außerdem hatte die Besucherin ihr eine große Liebesgeschichte mitgebracht. Die Geschichte einer unglücklichen, heimlichen Liebe. Stoff zum Träumen.

Miss Sullivan hatte die Polson-Zwillinge nicht als junge Schönheiten gekannt. Dafür bin ich nicht alt genug, sagte sie, ich bin jetzt sechsundsechzig. Die Fotografin fand es rührend, dass sie ihr Alter sagte, und reagierte wie von Miss Sullivan erhofft:

»Wirklich? Das sieht man Ihnen aber gar nicht an!«

Eigentlich sah Miss Sullivan sogar älter aus. Mit sechsundsechzig war sie allerdings tatsächlich zu jung, um die Polson-Zwillinge zu einer Zeit gekannt zu haben, als sie das Wunder von Matheson genannt wurden. Miss Sullivan lernte die Schwestern erst später kennen. Da war sie fünfzehn Jahre alt. Virginia Sullivan, schon damals hager und romantisch, war mit ihrer Mutter in der Kurzwarenhandlung, um Gardinenösen zu kaufen. Ihre Mutter plauderte mit der Inhaberin und in diesem Moment ging Angie Polson draußen vor dem Fenster vorbei. Sie war auf dem Weg zum Bahnhof.

»Die sucht doch nur wieder Streit«, sagte Miss

Sullivans Mutter. Vielleicht war es auch die Kurzwarenhändlerin.

Angie Polson war nicht wie die anderen Frauen in Matheson, und das verzieh man ihr nicht. Sie kleidete sich elegant, sie hatte Stil, und man argwöhnte, dass sie in Toronto oder sonst wo ein unmoralisches Leben führte, schließlich war sie mit über vierzig noch immer unverheiratet und kinderlos und obendrein betörend schön. Eine exzentrische Person. Davon zeugten allein schon der große bunte Schal und die Pfennigabsätze. Niemand in Matheson kleidete sich so. Niemand nahm sich solche Freiheiten heraus. Die junge Virginia bewunderte sie glühend.

Mit fünfzehn sah Virginia bereits aus wie eine alte Jungfer, und in ihrer Brust schlug dasselbe romantische Herz wie heute. Die rebellische Frau, die am Fenster der Kurzwarenhandlung vorbeiging und der man ansah, dass ihr Leidenschaft und vermutlich auch verbotene Liebe nicht fremd waren, wurde zu ihrem großen Vorbild. Virginia wusste, dass sie selbst ein solches Leben niemals führen würde. Die erträumte Liebe war für sie unerreichbar.

Mit wem suchte Angie Polson Streit? Mit allen und niemandem. Die Bemerkung der Mutter oder der Kurzwarenhändlerin stammte ganz einfach aus dem unerschöpflichen Vorrat an Gemeinheiten, über den Kleinstädte verfügen.

Die hagere und romantisch veranlagte Virginia

Sullivan spionierte Angie Polson hinterher. Sie begann sich brennend für den Klatsch und Tratsch zu interessieren, der in Matheson die Runde machte. Im Laufe der Zeit erfuhr sie alles über die Leute. Eifersucht, Hass, seelische Abgründe und kleine Zuneigungsbekundungen, nichts blieb ihr verborgen. Sie war selbst verwundert, wie viel sie herausfand. Sie schnappte jedes noch so kleine Gerücht auf, sie nahm alles, was ihr zu Ohren kam, auseinander und setzte es neu zusammen. Miss Sullivan wurde zur Spezialistin für sämtliche Heimlichkeiten der Bewohner von Matheson. Sie wusste immer genau, wer was trieb.

Die Fotografin verstand zunächst gar nicht, was Miss Sullivan meinte, als sie sich vorbeugte und verschwörerisch fragte:

»Wollen Sie meine Sammlung sehen?«

Bei ihrem verwirrten Blick musste Miss Sullivan lächeln. Da begriff die Fotografin, dass ihr eine große Ehre zuteilwurde.

»Gibt es etwas Schöneres als eine tragische Liebesgeschichte?«

Miss Sullivan reichte ihr ein Heft. Es war ein völlig gewöhnliches Heft: Deckblatt, Spiralbindung, liniertes Papier. Vorne auf dem Einband prangten zwei Monogramme mit einem Herzen in der Mitte. Die Buchstaben der Monogramme waren kunstvoll gezeichnet, regelrecht stilisiert, während das Herz entwaffnend naiv war: Es war dunkelrot und wurde von dem obligatorischen Pfeil durchbohrt. Aus dem Loch rannen Blutstropfen wie auf einer christlichen Ikone. Die alte Jungfer hatte offenbar eine Vorliebe für blutende Herzen. In dem Glasschrank, aus dem sie das Heft geholt hatte, bewahrte sie noch weitere Hefte mit blutenden Herzen auf. Sie hatte mindestens zwanzig davon.

»Meine Sammlung«, sagte sie mit samtiger Stimme.

Sie klingt verliebt, dachte die Fotografin. Ihre Stimme klingt wie die einer Verliebten. Kann eine Frau tatsächlich in fremde Liebesgeschichten verliebt sein, Liebesgeschichten, die zudem noch unerfüllt geblieben sind?

Die Hefte erzählten traurige Geschichten von entflammten Herzen und Körpern, die nur selten zueinanderfanden. Trotzdem hatten die Geschichten etwas Erhabenes. Der bewundernde Blick der alten Jungfer machte sie zu etwas Besonderem. Ob die Körper zueinandergefunden hatten, war bedeutungslos, das Einzige, was zählte, war die schüchterne, ungeschickte Annäherung zweier Menschen, die sich zueinander hingezogen fühlten, hingebungsvoll aufgezeichnet von einer heimlichen Beobachterin, die festhielt, an welchem Tag um wie viel Uhr der Mann seiner Angebeteten verstohlen zugewunken hatte und wie die Frau ein wenig von ihrem Gatten abgerückt war, bei dem sie untergehakt ging, und welches Wetter am nächsten Tag geherrscht hatte, als die Frau allein zur selben Uhrzeit an denselben Ort zurückgekehrt war und sich nach dem Mann umgeschaut hatte, der sie aus einem Versteck heraus beobachtete. So spielten die beiden jahrelang Katz und Maus, ohne jemals die Grenze des Verbotenen zu überschreiten. Die Beobachterin notierte alles akribisch: eine neue Frisur, ein gewagtes Dekolleté, ein frisch gestärkter Kragen, zufällige Begegnungen, flüchtige Berührungen und sehnsüchtige Blicke. Drohte die Grenze des Verbotenen einmal überschritten zu werden, geriet die Beobachterin regelrecht in Ekstase und konnte kaum noch an sich halten. Würde er ihren Brief beantworten oder nicht? Und falls er ihr schriebe, würde es ein Rendezvous im Mondschein geben, heiße Küsse, geflüsterte Versprechen, weitere heimliche Treffen, weitere Küsse, und wie würde der vor Eifersucht rasende Ehemann reagieren? Seite um Seite füllte Miss Sullivan mit ihren Vermutungen, und als die Fotografin ihre Ergüsse las, begriff sie, dass die alte Jungfer insgeheim fürchtete, die Liebenden könnten zueinanderfinden, weil diese Liebe dann nicht mehr ihr gehören würde.

Ende des Hefts »𝔊ℜ ♥ 𝔜𝔗«, denn statt sich mit dem eifersüchtigen Gatten herumzuschlagen, gab sich 𝔊ℜ mit einem einzigen Rendezvous zufrieden.

Ein Heft faszinierte die Fotografin besonders.

Auch dort ein blutendes Herz und links davon das

Monogramm JM, aber statt eines zweiten Monogramms stand rechts neben dem Herzen ein Fragezeichen.

»Ich habe leider nie herausgefunden, in wen sie verliebt war«, erklärte Miss Sullivan. »Sie war verliebt, daran gab es keinen Zweifel. Sie träumte unentwegt vor sich hin, sie war mit den Gedanken woanders, das sah man ihr an. Ich habe mir jahrelang den Kopf darüber zerbrochen, wer der Mann sein könnte, nach dem sie sich so sehr sehnte. Ich folgte ihr zum Bahnhof und aufs Postamt, überallhin, ich hoffte auf einen Brief oder eine Verabredung mit einem Fremden. Vergeblich. Sie nahm das Geheimnis mit ins Grab. Sie schien ihr Leben lang auf jemanden zu warten, aber er kam nicht, selbst zu ihrer Beerdigung kam er nicht. Ich war dort, und außer ihrem Vater trauerte kein Mann um sie. Sie starb mit dreißig an Liebeskummer. Der Arzt sagte, sie hätte ein schwaches Herz gehabt. Das passt doch. Ihr Herz war gebrochen, es wollte einfach nicht mehr weiterschlagen. Das ist die traurigste Geschichte meiner Sammlung.«

Auf dem letzten Heft prangten drei Monogramme, AP MP und TB. Sie waren um ein Herz herum angeordnet, das von zwei Pfeilen durchbohrt wurde.

»Er liebte sie alle beide.«

Das Heft erzählte die Geschichte des jungen Boychuck und der Polson-Zwillinge. Die keusche Miss Sullivan hatte sie in ihrer gestochenen Handschrift niedergeschrieben, und zwar von dem Moment an, da sie als junges Mädchen Angie Polson durch das Fenster der Kurzwarenhandlung erblickte. Der letzte Eintrag stammte aus dem Vorjahr. Die Fotografin hatte das Museum besucht und nach den Überlebenden der Großen Brände und insbesondere nach Boychuck gefragt. Wollte die Besucherin Theodore eine Nachricht überbringen?, fragte Miss Sullivan in ihrem Heft. Hatte Angie Polson der Frau vielleicht eine Nachricht mitgegeben?

Die Fotografin blätterte in dem Heft, überflog hier und da einen Absatz und sah rasch, dass die Sache aussichtslos war. Die drei fanden nicht zueinander. Sie waren in einer unglücklichen Konstellation gefangen und kamen nicht voneinander los. Gelegenheiten wurden verpasst, Hoffnungen enttäuscht, und nie war jemand zur richtigen Zeit am richtigen Ort. Die junge Virginia verfolgte alle Entwicklungen und wurde darüber zur alten Jungfer. Immer wieder schrieb sie ein und dieselbe Frage in ihr Heft: Würde Theodore sich irgendwann entscheiden?

»Theodore?«

Die Neugier der Fotografin war geweckt. Woher kam dieser Vorname?

Theodore Boychuck, so stand es auf den Briefumschlägen. Theodore Boychuck, postlagernd, Matheson, Ontario. Mal in langen, dünnen Buchstaben, mal in kindlichen Rundungen. Die Zwillinge hatten weder dasselbe Temperament noch dieselbe Schrift.

»Theodore war sein richtiger Vorname.«

Die Briefe, die die Schwestern postlagernd nach Matheson schickten, waren der seidene Faden, an dem die Geschichte hing. Die junge Virginia fing sie ab. Damals begab sie sich schon seit Jahren jeden Tag unter dem Vorwand, die Post ihrer Eltern abzuholen, auf das Postamt. Weil sie gern las und gebildet war, was man nicht von vielen Einwohnern Mathesons behaupten konnte, baten die Leute sie häufig, ihnen einen Brief vorzulesen, und manchmal auch, einen Brief für sie zu schreiben. Selbst die Postmeisterin, die nur wenige Jahre zur Schule gegangen war, bat sie um Hilfe, wenn sie ein offizielles Schreiben aufsetzen musste. So kam es, dass Virginia ihr beim Sortieren der Post zur Hand ging, und dabei stieß sie auf das ungewöhnliche Dreiecksverhältnis. Die Ankunft zweier Briefe, die postlagernd an Theodore Boychuck adressiert waren, kündigte stets eine weitere Runde in dem Spiel an.

In ihrem Heft hielt Virginia jeweils das Datum und den Ort fest, von dem der Brief abgeschickt worden war. Die Briefe kamen meist im Abstand von wenigen Tagen, der eine aus Toronto, der andere aus Cochrane. Außerdem notierte sie, an welchem Tag Theodore mit dem Zug eintraf. Der große, unnahbare Mann nahm sich stets ein Zimmer in einer billigen Pension, ließ sein Gepäck dort, ging zum Postamt und holte die beiden Briefe ab. Virginias Bericht war lückenlos. Sie beschrieb seine Bekleidung und seinen Gang, notierte haarklein, wie viel Zeit er in der Pension verbrachte, und erwähnte sogar, dass er immer stumm nickte, wenn die Postmeisterin ihm die Briefe überreichte. Nie hörte Miss Sullivan ihn ein Wort sagen.

Natürlich las die zukünftige alte Jungfer die Briefe, die an Boychuck adressiert waren. Wie sonst hätte sie in all den Jahren einer Geschichte folgen können, für die es keine Zeugen gab? Sie nahm die Briefe heimlich mit nach Hause, öffnete sie über Wasserdampf, las sie, übertrug lange Passagen in ihr Heft und brachte die Briefe wieder zurück auf die Post. Dort warteten sie dann auf ihren Empfänger.

»Lieber Fedor«, begannen die Briefe, oder: »Lieber Fedia«. Beides waren Abkürzungen von Theodore, Kosenamen, wie Miss Sullivan der Fotografin erklärte. Angie gebrauchte meist die Variante »Lieber Fedor«, während Margie »Lieber Fedia« bevorzugte, aber manchmal war es auch andersherum.

»Sie liebten ihn alle beide.«

In den Briefen, die in Matheson eintrafen, wurden keine Treffen vereinbart, aber es war von früheren Begegnungen die Rede, von anderen Briefen, die Theodore den Schwestern geschrieben hatte oder die sie ihm geschickt hatten und die ihren Empfänger erreicht hatten oder auch nicht, von Umzügen und neuen Anschriften, besonders im Fall von Theodore, der keinen festen Wohnsitz hatte. Er zog von einem Ort zum anderen und blieb, wo er gerade Arbeit fand. Die beiden Schwester klagten in ihren Briefen häufig darüber, dass sie immer wieder neue postlagernde Adressen verwenden mussten, entlang der verschiedenen Eisenbahnlinien, die durch Ontario verliefen. Wann wirst du endlich sesshaft werden?

Die Briefe zeugten von einem herzzerreißenden Hin und Her. Mal schrieb Angie ihrem lieben Fedia, er müsse begreifen, dass ihre Schwester Margie ohne seine Liebe nicht leben könne, dann wieder schrieb Margie, dass Theodore sie vergessen solle, weil sie nun mit einem Mann verheiratet sei, der sie liebe, und er solle sich doch ihrer Schwester zuwenden, die frei sei und schon seit Jahren auf ihn warte. Da Theodore sich mit der Entscheidung schwertat, versuchten die Schwestern, ihm zu helfen. Doch ihr Opfer war vergeblich, weil Theodore nicht wusste, was er wollte, und so wechselte er unentschlossen von einer zur anderen, und alle drei waren unglücklich.

Die Briefe erzählten von unzähligen Irrtümern und verpassten Verabredungen. Am schwersten waren die ersten sechs Jahre, in denen Theodore kein Lebenszeichen gab. Er zog für immer aus Matheson fort, weil er glaubte, die Schwestern wären im Black River ertrunken. Die Schwestern wiederum wähnten ihn in Toronto. Diese Jahre waren entscheidend. Das erste Missverständnis bestimmte, wie sie ihre Dreiecksliebe fortan leben würden. In den Briefen war oft davon die Rede. Wie haben wir es nur geschafft, immer wieder Wege einzuschlagen, die einander nicht kreuzen?

Mit achtzehn folgte Angie einem Musiker auf der Durchreise nach Toronto, weil sie hoffte, Theodore dort zu finden. Theodore hielt sich jedoch tausend Kilometer weiter westlich auf, er arbeitete im Hafen von Port Arthur. Zwei Jahre später beschloss er, sich seinen Dämonen zu stellen, und nahm den Zug nach Matheson, doch da war Margie längst mit einem Eisenwarenhändler aus Cochrane verheiratet, und Angie wartete in Toronto auf ihn.

»Aber Angie war doch frei? Warum hat er sie später nicht geheiratet?«, warf die Fotografin ein.

»Er liebte eben auch Margie.«

»Und warum hat Margie überhaupt diesen Mann aus Cochrane geheiratet?«

»Um Angie freie Hand zu lassen.«

»Oh je …«

Der Fotografin war die Geschichte etwas zu verquer, aber Miss Sullivan versetzten die Verwicklungen ganz offensichtlich in Verzückung. Ihre Wangen waren gerötet, ihre Augen glänzten.

Immerhin beantworteten die Briefe die Frage, warum der junge Boychuck nach dem Großen Brand von Matheson sechs Tage durch die Gegend geirrt war. Er hatte es aus Liebe getan. Die Liebe, dachte die Fotografin, das ist doch die Lösung für die meisten Rätsel. Sie hatte immer noch Schwierigkeiten mit Boychucks neuem Vornamen, aber nun wanderte vor ihrem inneren Auge ein junger, verliebter Theodore durch die verbrannte Landschaft, er folgte dem Lauf des Black River auf der Suche nach den beiden jungen Mädchen, flussaufwärts und flussabwärts. Nun erschlossen sich der Fotografin auch die Bilder aus der Serie *Junge Mädchen mit langem Haar* viel besser, vor allem das, in dem Marie-Desneige ein kenterndes Floß in einem schäumenden schwarzen Strudel gesehen hatte. Der junge Theodore hatte das Unglück vom Ufer aus beobachtet und nichts für die Schwestern tun können. Daraufhin war er auf der Suche nach ihnen tagelang durch die Gegend geirrt.

Die Fotografin erfuhr von Miss Sullivan mehr, als sie zu hoffen gewagt hatte. Sie war nur ihrer Intuition gefolgt, aber nun kannte sie die Lebensgeschichte der alten Frau, die im High Park auf einer Bank Tauben gefüttert hatte und derentwegen sie mit den Nachforschungen zu den Großen Bränden begonnen hatte.

Die alte Frau im Park war eines der beiden Mädchen mit langem Haar. Miss Sullivan hatte sie eindeutig identifiziert, sowohl auf dem Porträt, das Angie Polson mit über sechzig Jahren zeigte, als auch auf dem abstrakten Gemälde, auf dem sie zusammen mit ihrer Zwillingsschwester zu sehen war.

»Als ich Angie Polson in dem Park traf, behauptete sie, hundertzwei Jahre alt zu sein. Ist das möglich?«

Wenn Menschen, die es nicht gewohnt sind zu lächeln, es doch einmal tun, leuchtet ihr ganzes Gesicht. Miss Sullivans Lächeln strahlte hell wie die Sonne.

»Angie saß schon immer der Schalk im Nacken.«

Miss Sullivan war entzückt über die Nachricht, dass Angie Polson lebte. Sie hatte seit Jahrzehnten nichts von ihr gehört. Das einstige Wunder von Matheson hatte sich schon lange nicht mehr in der Stadt blicken lassen, und seit zwanzig Jahren war kein Brief für Theodore Boychuck eingetroffen.

Als Miss Sullivan von Boychucks Tod erfuhr, war sie nicht überrascht.

»Er trug den Tod mit sich herum.«

Theodore Boychucks Tod bedeutete jedoch auch das Ende ihrer Sammlung. Das Heft AP MP TB war das letzte unabgeschlossene. Virginia glaubte nicht, dass sie noch einmal die Gelegenheit haben würde, ein neues Heft zu beginnen.

»Tragische Liebesgeschichten gibt es heutzutage ja leider kaum noch.«

Als die Fotografin das Museum verließ, atmete sie auf. Diese Frau hatte keine Erfüllung gefunden, sie hatte es noch nicht einmal versucht. Ihr Leben war eine Katastrophe.

Sie befinden sich im Zustand der Trägheit. Jede Bewegung, jeder Gedanke ist gedehnt. Charlie liegt auf der Seite, Marie-Desneige auf dem Rücken. Er streichelt sie. Charlies Hand ist sanft und fordernd. Er widmet sich ihren Knien, ihren Knöcheln, lässt keine Stelle aus, streicht über die Schenkel, über die Innenseite der Schenkel, langsam, methodisch, streichelt, massiert, tastet sich voran, und als er sich den Gesäßbacken nähert, dem Büschel aus Schamhaaren, zieht er die Hand wieder vorsichtig zurück.

Sein großer Kopf mit dem zerzausten weißen Haar beugt sich über sie. Er riecht an ihrem Körper. Du duftest nach Vanille, sagt er, als er sich in ihrem Haar verheddert. Er schmiegt sich an ihren Hals, wandert zu den Schultern, nimmt in der Achsel einen tiefen Atemzug. Du riechst nach Frühling, sagt er, und sie lächelt. Und du, du riechst nicht mehr nach Winter, sagt sie, und bei der Erinnerung an den penetranten Geruch nach Wollunterwäsche, der von ihrem Winterlager aufgestiegen war, müssen beide lächeln.

Charlie vergräbt das Gesicht zwischen ihren Brüsten, zwei leeren Weinschläuchen, die er erst behutsam mit den Fingerspitzen streichelt und dann immer fester, mit immer größeren Bewegungen, während er weiter an ihr hinabgleitet, an ihr riecht, ihren Körper erkundet und seinen Atem warm auf ihre Haut bläst. Marie-Desneige genießt das Gefühl, dass er an ihr riecht wie an einer Blume, die er pflücken, wie an Wasser, das er trinken will. Sie lässt sich von Charlies Atem einhüllen, sie nimmt seinen Atem in sich auf.

Er ist auf Höhe des Bauchs angekommen. Er umkreist den Bauchnabel und nimmt seinen schweren, erdigen Geruch auf. Dein Bauch ist so schön weich und er riecht nach Zimt, sagt er. Dann entdeckt er in einer Hautfalte verborgen eine längliche, violette Narbe, die von einer alten Wunde zeugt. Die Narbe verläuft längs und fühlt sich hart an. Er sieht zu Marie-Desneige hoch.

»Die ist von dem Kind«, sagt sie.

Er pustet auf die Narbe, streichelt sie, küsst sie und lässt sie dann wieder in ihrer Falte verschwinden. Die Wunde ist nicht mehr zu sehen, die Vergangenheit darf ruhen.

Langsam gleitet er dorthin, wo Marie-Desneige ihn erwartet, er riecht den Geruch nach Meer und Erde, er glättet das Haar behutsam mit dem Finger und deckt es mit seinem warmen Atem zu. Dann hebt er den Kopf und sieht zu Marie-Desneige hoch, und sie lächelt und sagt seinen Namen. Er kehrt zum Duft ihres Haars zurück und legt sich vorsichtig auf sie.

Nun beginnen zwei Körper, sich langsam zu vereinen, mit etwas ungelenken Bewegungen, weil sie nicht mehr die Kraft und Ausdauer der Jugend haben. Allmählich finden sie einen Rhythmus. Ihre Beine umschlingen sich, ihre Zungen finden zueinander, ihre Körper verschmelzen, wiegen einander auf dem Pelzlager hin und her. Doch bald macht sich das Alter bemerkbar, der Atem geht schwerer, in Charlies Fall sogar stoßweise, und sie müssen sich voneinander lösen, voneinander ablassen, sie liegen nebeneinander, niedergestreckt von der Anstrengung.

Die Vereinigung hat nicht stattgefunden, wird niemals stattfinden, für beide ist es zu lange her.

»Du hast ein Kind bekommen?«, fragt Charlie zögernd.

Er möchte Marie-Desneige beruhigen, trösten, ihre Verletzung heilen, aber in seiner Stimme klingt die eigene Verletzung darüber mit, dass das Alter ihn impotent gemacht hat.

»Vor langer Zeit.«

»Junge oder Mädchen?«

»Ich weiß es nicht. Sie haben es mir nicht gesagt.«

»Hast du noch mehr Kinder bekommen?«

»Nein. Ich nehme an, dass sie mir bei dem Kaiserschnitt auch die Gebärmutter entfernt haben.«

Marie-Desneige schmiegt sich an ihn und fragt sich, was er jetzt wohl denkt.

»Danke«, sagt sie, obwohl sie weiß, dass er fragen wird, wofür.

Aber er fragt nicht.

Sie erklärt ihm, dass sie das nicht kennt, Küsse und Umarmungen, sie kennt nur hastige Fummeleien im Treppenhaus oder hinter einer Hecke, mit hochgeschobenem Rock, mit einem Mann, der es eilig hatte zu kommen, einem Bewohner oder Pfleger, genauso jung oder alt wie sie, aber sie hat das nie gestört, sie hatte immer Spaß am Bidiwiwi.

»Bidiwiwi?«

»Wir hatten kein anderes Wort dafür.«

»Und du fandest den … Bidiwiwi schön?«

»Ja, sehr. Selbst wenn es nicht freiwillig war, habe ich immer Lust dabei empfunden. Aber geküsst oder gestreichelt hat mich noch nie jemand.«

»Das war dein erster Kuss?«

»Ja, und es macht viel mehr Spaß, als ich dachte.«

»Von jetzt an bekommst du so viele Küsse, wie du willst, alle Küsse, die dir dein Leben lang entgangen sind, Millionen Küsse und Umarmungen.«

»Dann müssen wir aber lange leben.«

»Warum nicht?«

»Versprich mir, dass du deine Salzdose nicht anrührst, solange ich lebe.«

»Ich verspreche es.«

»Versprich mir, dass du nicht zulassen wirst, dass ich deine Salzdose anrühre, solange du lebst.«

»Ich verspreche es.«

»Selbst wenn ich einen schlimmen Anfall habe,

selbst wenn ich dich anflehe, sie mir zu geben. Versprich es mir.«

»Ich verspreche es.«

Ein Wolf in der Nacht

»Nein. Dieser Mann war nicht imstande zu lieben.«

Die Fotografin war mit dieser ungewöhnlichen Liebesgeschichte im Gepäck in den Wald zurückgekehrt. Während der Fahrt hatte sie sich gefragt, wer von ihnen wohl am heftigsten auf die Neuigkeit reagieren würde. Sie werden mir nicht glauben, dachte die Fotografin. Und nun bestritt die Einzige, von der die Fotografin gemeint hatte, dass sie für die Romantik der Geschichte empfänglich wäre, dass Ted je verliebt gewesen war.

Marie-Desneige war nicht davon abzubringen. Ein Mensch, der so grauenhafte Bilder in sich trägt, ein Mensch, der von diesen Bildern regelrecht besessen ist, kann nicht lieben. Wenn der Schmerz dich zerfrisst, bleibt kein Raum für andere Gefühle. Ich kannte Männer und Frauen, deren Schmerz so groß war, dass sie irgendwann begannen, ihn zu idealisieren, sich nach ihm zu sehnen, ihn zu lieben. Sie beschimpften sich selbst, verletzten sich selbst, wälzten sich in ihrem eigenen Kot. Sie wollten sich das Leben nehmen. Die Absicht, sich das Leben zu nehmen, verschlimmert den Schmerz, der Selbstmord setzt ihm ein Ende. Selbstmordversuche gab es viele. Selbstmorde auch.

Noch nie hatte Marie-Desneige so lange am Stück geredet. Die anderen hörten ihr zu. Sie saßen vor Marie-Desneiges Häuschen auf der Veranda. So nannten sie den Bereich unter dem Vordach, den sie mit Fliegengittern hatten verkleiden wollen, ein Plan, der nie in die Tat umgesetzt worden war. Doch der Name war geblieben. An diesem Spätsommerabend saßen sie auf Holzklötzen auf der Veranda, unterhielten sich und ignorierten die Mücken, die sie umschwirrten, ganz so, als wären sie tatsächlich von Fliegengittern geschützt.

Es roch nach Erde und trockenem Gras, das in der Sommerhitze braun geworden war. Die Luft war lau, der milde Abend lud zum Reden ein.

Die Fotografin war am späten Nachmittag angekommen. Unterwegs hatte sie bei einem Schnellrestaurant angehalten und Pommes, Salat und Brathähnchen mitgebracht – und diese Liebesgeschichte, die nun, da Marie-Desneige verkündet hatte, dass Ted nicht zu lieben imstande gewesen sei, ein noch größeres Rätsel war. Alle vertrauten Marie-Desneiges Urteil. Sie kannte einen Teil von Ted, der ihnen verschlossen geblieben war, obwohl sie jahrelang mit ihm zusammengelebt hatten. Seine Gemälde erzählten mehr, als er je ausgesprochen hatte, Dinge, die er vielleicht nicht einmal selbst gewusst hatte. Sie erzählten von seiner Leidenschaft, Besessenheit und von seinem Schmerz.

Da sind zu viele Tote in den Gemälden, sagte Marie-Desneige, sie sind zu düster, in ihnen ballt sich zu viel Schwarz zusammen, und falls es doch einmal ein Licht gibt, fällt es auf verkohlte Leichen, schmerzverzerrte Gesichter und verzweifelt ausgestreckte Hände, auf den Ort, an dem der Tod seine Opfer überrascht hat. Niemand kann mit solchen Bildern vor Augen leben. Ted hat versucht, sich von ihnen zu befreien, indem er das Grauen auf die Leinwand bannte. Vielleicht ist es ihm sogar gelungen. Aus seinem letzten Gemälde, dem auf der Staffelei, strahlt ein Licht. Zwar nur ein sehr schwaches Licht, aber immerhin hat es einen Raum erschaffen, von dem aus Ted in Frieden in den Tod gehen konnte. Das wünsche ich ihm jedenfalls. Das wünsche ich uns allen. Einen friedlichen Tod.

In diesem Moment stahl sich ihr alter Freund, der wie immer in der Nähe lauerte, in ihre Gedanken. Ab einem gewissen Alter ist der Tod nie sehr weit.

Vierundneunzig ist ein gutes Alter zum Sterben. Ted war vielleicht nicht der glücklichste Mensch der Welt gewesen, aber er hatte bis zum Ende durchgehalten und war in Freiheit und Würde gestorben. Sie hatten ihm nicht einmal helfen müssen, er war einfach friedlich eingeschlafen. Dafür bewunderte Charlie ihn. Wenn jemand klammheimlich und ohne dramatischen Abschied stirbt, ist das ein Ausdruck von Respekt für die Hinterbliebenen. Abschiede sind immer unschön. Dann musste er an Marie-Desneige denken. Wenn sie oder er eines Tages starben, was unvermeidlich war, würde er sich dann nicht von ihr verabschieden wollen? Dieser Gedanke verwirrte ihn.

Auch Tom verhedderte sich in seinen Gedanken. Es war Ende August. Bald würden der Herbst und der Winter kommen, und er fragte sich, ob er dem Ganzen nicht besser vorher ein Ende setzte, in den letzten warmen Sonnenstrahlen des Spätsommers. Die Erinnerung an den Winter war bitter. Die Grippe hatte ihn wochenlang niedergestreckt, er war hilflos wie ein Säugling gewesen und hatte sich von der Fotografin mit Suppe füttern lassen müssen. Er war immer noch geschwächt, seine Lungen machten beim Atmen merkwürdige Geräusche, sein Körper wollte nicht mehr so recht.

Steve und Bruno konnte der Tod nichts anhaben, aber alle spürten, wie er um Tom und Charlie herumstrich.

»Wenn die alte Frau im High Park wirklich eine der Polson-Schwestern war, was heißt das dann für deine Ausstellung?«, fragte Steve, um die Stimmung aufzulockern.

»Ich weiß es nicht«, antwortete die Fotografin.

Die anderen waren in ihren Plan eingeweiht. Die Fotografin hatte ihnen davon erzählt, bevor sie zum zweiten Mal nach Matheson in das Museum gefahren war. Bei der Durchsicht der Gemälde war ihr aufgefallen, dass viele einen Widerhall in den Fotos fanden, die sie in ihrer Mappe aufbewahrte. Teds Bilder stellten Szenen dar, von denen die Überlebenden der Großen Brände ihr erzählt hatten. Allmählich hatte die Idee einer Doppelausstellung in ihrem Kopf Gestalt angenommen. Die Fotografin wollte Boychucks Gemälde und ihre Fotos zusammen der Öffentlichkeit präsentieren.

Für manche Duos hatte sie sogar schon einen Begleittext im Kopf. Zum Beispiel für *Die Männer im Teich*, ein Gemälde, das drei Männer zeigte, die in einem Wasserloch Zuflucht gesucht hatten. Hinter ihnen stand ein Elch, und auf der Schulter des Jüngsten saß ein Vogel. Bei dem Jungen mit dem Vogel auf der Schulter handelte es sich um Joseph Earle. Die Fotografin hatte ihn porträtiert, und er hatte ihr seine Geschichte erzählt. Der Titel war vorläufig. Sie hatte auch überlegt, das Bild *Die letzten Menschen auf Erden* zu nennen, um das Gefühl der drei Männer im Teich zum Ausdruck zu bringen, oder noch expliziter: *Warten auf den Weltuntergang*.

Der Begleittext würde zunächst erklären, was auf dem Bild zu sehen war, denn Ted hatte nur einen schwarzen Tumult auf die Leinwand gebracht, erhellt von einem diffusen Licht, in dem sich undeutliche Schemen abzeichneten. Wie der Text weitergehen würde, wusste die Fotografin noch nicht. Sie konnte sich nicht so recht entscheiden, welche Richtung sie ihm geben wollte. Auf jeden Fall musste sie etwas zu dem Licht sagen, dem goldenen Licht der Apokalypse, das wie eine Hand war, die Gott den Männern im Teich entgegenstreckte, eine Hand, die sie nicht zu ergreifen wagten, weil sie nicht wussten, ob sie lebten oder tot waren. Ob die Fotografin auch von dem Jungen mit dem leeren Blick erzählen würde, der an den drei Männern vorbeigetaumelt war, hatte sie noch nicht entschieden.

Den Begleittext zu Joseph Earles Foto hatte sie hingegen schon im Kopf:

Joseph Earle, im Januar 1995. Geboren 1900 in Mattawa. Im Alter von zehn Jahren zog er mit seiner Familie nach Ramore und begann auf dem Hof seiner Eltern zu arbeiten. Später ging er verschiedenen Berufen nach, bis ihn die Ontario Northland Railways Company als Gärtner einstellte. Dort blieb er bis zur Rente. Heute wohnt er im kroatischen Viertel von Timmins (früher Schumacher). Als das Große Feuer von Matheson ausbrach, war Joseph sechzehn Jahre alt. Auf dem Gemälde ist er ganz rechts zu sehen, neben seinen Cousins Donald und Patrick McField.

Das Feuer überraschte Joseph und seine Cousins auf dem Rückweg von der Waldhütte, in der die Familie Schnaps brannte. Die drei jungen Männer hatten die Nacht durchgearbeitet. Die Ware verkauften sie an einen Händler in Matheson. Moonshine hieß das damals, sagte der alte Joseph stolz, als wollte er mir beweisen, dass er in seiner Jugend kein Chorknabe gewesen war. Das mit dem schwarzgebrannten Schnaps war eine nette Anekdote und die Fotografin hätte sie für den Begleittext verwenden können, aber sie wollte nicht zu sehr von der eigentlichen Geschichte abschweifen. Ihre Überlegungen waren noch unausgereift, aber eins wusste sie: Die Fotos würden die Gefühle verstärken, die Teds Bilder im Betrachter hervorriefen, und davon durfte sie nicht ablenken. Deshalb musste sie die Begleittexte so knapp wie möglich halten.

Allerdings sagt eine Anekdote häufig mehr als alle Fakten. Auf die Geschichte, die eines der Duos erzählte, wollte die Fotografin auf keinen Fall verzichten. Das entsprechende Gemälde hatte sie *Das Wunder der Geburt* genannt, auch das ein vorläufiger Titel. Der alte Mann, den sie fotografiert hatte, war auf dem Gemälde noch nicht geboren, er befand sich im Bauch seiner Mutter, die unter einem halben Meter Erde lag. Das Gemälde an sich war nicht besonders beeindruckend. Viel Schwarz mit braunen Streifen unter einem erdrückend grauen Himmel. Das Interessante an dem Bild war der kleine Pinselstrich, der unter mehreren Schichten schwarzer Farbe einen winzigen hellen Fleck freigelegt hatte. Der helle Fleck ist das Luftloch, durch das die Mutter des ungeborenen Kindes geatmet hatte. Der Begleittext musste das erklären, sonst verstand man nicht, was der Fleck darstellte. Ein Mann und eine Frau fliehen vor den Flammen, der Black River versperrt ihnen den Weg, beide können nicht schwimmen, am Ufer liegt eine Schaufel, die jemand dort vergessen hat, sie graben eine Grube, in der sie Zuflucht suchen wollen, der Wind frischt auf, die Flammen rasen auf sie zu, der Mann schafft es gerade noch, seine Frau mit Erde zu bedecken, dann springt er in den Fluss und klammert sich an den Ast einer Weide, die am Ufer steht.

Der Ast brach, und ich hatte keinen Vater mehr. Der junge Boychuck grub mich und meine Mutter aus. Neunundsiebzig Jahre später staunte das durch ein Wunder gerettete ungeborene Kind immer noch darüber, dass es am Leben war. Es hieß Thomas Verner, hatte große Augen und ein kindliches Lächeln.

Thomas Verner, im Mai 1995. Geboren 1916 in Matheson. Aufgewachsen auf einem Bauernhof in Charlton, bei einem Onkel, der ihn und seine Mutter nach dem Großen Brand von Matheson aufnahm. Später bewirtschaftete Thomas einen eigenen Hof in Belle Vallée und zog fünf Kinder groß. Dort lebt er noch immer.

»Dort lebt er noch immer.« Die Fotografin fragte sich, ob sie nicht eigentlich nach Belle Vallée fahren müsste, um diese Behauptung zu überprüfen. Das

Foto war zwei Jahre alt. Damals hatte der alte Mann mit dem kindlichen Lächeln ein Sauerstoffgerät mit sich herumgetragen und durch eine Nasenkanüle geatmet, die er offensichtlich hasste. Er hatte sie immer wieder abgenommen und gleich wieder aufgesetzt, weil er keine Luft mehr bekam.

Thomas Verner war der Jüngste in ihrer Sammlung alter Leute. Einige mussten längst verstorben sein oder würden sterben, bevor die Ausstellung eröffnet wurde. Du kannst doch nicht bei all deinen Alten vorbeifahren, um herauszufinden, ob sie abgekratzt sind, wandte Charlie ein. Hast du kein eigenes Leben? Oder warum interessierst du dich so sehr für das Leben anderer?

Die Fotografin musste an die alte Jungfer in dem Museum von Matheson denken, die tragische Liebesgeschichten sammelte wie sie selbst alte Menschen, die die Großen Brände überlebt hatten. War auch ihr Leben eine Katastrophe?

Tom und Charlie reagierten nicht gerade begeistert, als sie ihnen von ihren Ausstellungsplänen erzählte.

Bruno und Steve waren aufgeschlossener. Die beiden halfen ihr, die Gemälde zu sortieren, zu beschriften und für den Transport vorzubereiten. Schon als die Fotografin zum zweiten Mal nach Matheson gefahren war, hatten die beiden die Gemälde mit ihr zusammen eingepackt und auf den Pick-up geladen.

Für die Ausstellung hatte sie gut hundert Bilder ausgewählt, zusammengefasst in verschiedenen Serien, die nun in Teds Hütte darauf warteten, dass die Fotografin sie nach Toronto brachte.

Etwas lag an diesem Spätsommerabend in der Luft, etwas, das sie alle tief berührte. Der laue Abend lud dazu ein, an das Vergehen der Zeit zu denken, bei ihr zu verweilen und sie dann ziehen zu lassen.

Jeder tat das auf seine Art, fast unbewusst.

Ein Jahr war vergangen, seit Marie-Desneige und die Fotografin das Leben der kleinen Gemeinschaft auf den Kopf gestellt hatten. Ein Jahr und ein Monat, rechnete Charlie nach, der gar nicht wusste, wie ihm geschah. Ich alter Sack habe mich tatsächlich noch mal verliebt. Als er daran dachte, wie Marie-Desneige kichernd auf dem Pelzbett lag, spürte er ein Kribbeln im Bauch. Wie viel Zeit bleibt uns wohl?

Marie-Desneige saß neben ihm. Sie begleitete ihn überallhin, zum Angeln, in den Wald, zum Beerenpflücken, sie wich ihm nicht von der Seite. Für Marie-Desneige waren die Stunden, Tage, Wochen und Monate eine Abfolge einzelner Augenblicke. Sie scherte sich nicht um die Zeit, die verging. Wie viele Tage, wie viele Monate blieben ihnen? Sie stellte sich diese Frage nicht, solange es da diesen Mann gab, der sie mit seinen großen Händen am Boden hielt. Er war ihre Stärke, ihr Gewicht, ihre Schwerkraft.

Tom beobachtete die beiden, die nun ein Paar waren. Sie saßen friedlich nebeneinander in der Dunkelheit. Wie hatten sie das bloß geschafft? Seine Liebesgeschichten waren immer hitzig gewesen, leidenschaftlich, rasant, aber sie hatten nie lang genug gehalten, um ihm Erfüllung zu bringen. Das Leben hatte ihn immer gleich weitergerissen. Wie hatten sie das geschafft? Tom war neugierig, nicht neidisch oder verbittert, was naheliegend gewesen wäre, schließlich hatte er viel verloren. Aber Tom war nicht nachtragend. Wenn die Strömung dein Boot abtreibt, musst du eben anders rudern. Also nahm er neue Gewohnheiten an, nun, da er und Charlie mit zwei Frauen zusammenlebten, die aus heiterem Himmel bei ihnen aufgetaucht waren. Er war nicht neidisch oder verbittert, er war neugierig. Er wollte das, was ihm immer ein Rätsel geblieben war, verstehen.

Es war der passende Moment für einen Rückblick. Der Abend ging allmählich in die Nacht über, die Luft war erfüllt von ihren Gedanken, und niemand hatte Lust, die Wärme der vertrauten Runde aufzugeben.

Die Fotografin versuchte immer noch, eine Antwort auf Steves Frage zu finden. Was würde sie tun, wenn sie Angie Polson nicht wiederfand?

Ich hätte sie fotografieren sollen, als ich die Gelegenheit dazu hatte, dachte sie. Sie ärgerte sich maßlos. Die Fotografin erinnerte sich an das rosa Licht in den Augen der alten Dame, daran, dass sie es mit der Kamera hatte einfangen wollen, und an ihr Gespräch über den Großen Brand von Matheson und die Vögel, die vom Himmel fielen. Sie hatte den richtigen Augenblick verpasst. Die alte Frau war aufgestanden und mit ihren hundertzwei Jahren und ihrem verschmitzten Lächeln davongegangen.

Ohne ein Foto von Angie Polson war die Serie *Junge Mädchen mit langem Haar* unvollständig.

Die Fotografin hatte gehofft, dass Miss Sullivan ihr sagen könnte, wo Angie Polson jetzt lebte, doch die alte Jungfer hatte Angie Polson vor zwanzig Jahren zum letzten Mal gesehen, im November 1972, auf der Beerdigung von Angies Mutter. Miss Sullivan erinnerte sich noch genau daran, alle in Matheson erinnern sich noch gut an die Beerdigung der alten Mrs. Polson, vor allem daran, dass ihre Tochter Angie in einem Cadillac vorgefahren war. Am Steuer hatte ein eleganter, wesentlich jüngerer Mann gesessen. Niemand wusste, ob das der Ehemann, Sohn oder Chauffeur war, denn sie stellte ihn nicht vor und er hielt sich im Hintergrund. Angie, elegant und extravagant wie eh und je, trug ein schwarzes Seidenkleid, das das Licht schluckte und alle Blicke auf sich zog. Sie ist zu schön für ihr Alter, hieß es nach der Beerdigung. Eine Siebzigjährige zeigt sich nicht öffentlich in so einem Kleid, einem Kleid, das die Beine umschmeichelt, und erst recht nicht mit einem jüngeren Mann, der womöglich ihr Geliebter ist.

Miss Sullivan berichtete in ihrem Heft von der Beerdigung. Wenig später kam ihr das Gerücht zu Ohren, dass Ted Boychuck in eine Hütte im Wald gezogen war. Auch das vertraute sie ihrem Heft an. Mehr konnte sie der Fotografin nicht sagen. Sie wusste weder, wer der Mann auf der Beerdigung gewesen war, noch, wo Angie Polson jetzt lebte.

An dieser Stelle war die Fotografin mit ihren Gedanken angekommen. Mittlerweile war es stockdunkel, die Nacht war wie schwarzer Samt, der hier und da raschelte, und in dieser samtigen Sommernacht kam ihr die Sache mit der Ausstellung plötzlich furchtbar kompliziert vor. Sie musste in Galerien vorsprechen, ihr Konzept erläutern, Leute überzeugen, Verträge aushandeln, eine Vernissage organisieren und weiter nach Angie Polson suchen. All das schien ihr sehr wenig mit der Frau zu tun zu haben, die hier draußen in der Wildnis mit ihren Freunden beisammensaß und die Stille des Waldes genoss.

Am nächsten Tag würde sie die Bilder, die sie für die Ausstellung ausgewählt hatte, nach Toronto bringen. Bruno würde mit den restlichen Bildern in seinem Pick-up folgen. Er hatte ihr seine Hilfe angeboten. Steve hätte das nie getan. Seit dreißig Jahren kümmerte er sich um das Geisterhotel des Libanesen, und er hatte sein Reich in all der Zeit nur verlassen, um in die nächste Stadt zu fahren, zweihundert Kilometer hin und zurück.

Sie würden Teds Gemälde in Toronto einlagern. Die Entscheidung war ihnen nicht schwergefallen. Sie waren sich sofort einig gewesen, dass die Bilder in einer verschlossenen Lagerhalle besser aufgehoben waren als in Teds Hütte.

Vielleicht war die Stimmung deshalb so, weil die Gemälde die Einsiedelei am nächsten Tag verlassen würden, vielleicht waren sie deshalb so empfänglich für das Vergehen der Zeit. Ohne die Bilder wäre nichts mehr von Ted übrig, und auch der Sommer, den sie damit verbracht hatten, seine Bilder zu entschlüsseln, wäre endgültig vorbei.

In der Ferne heulte ein Wolf. Sie horchten auf und lauschten angespannt. Das Heulen eines Wolfes in der Dunkelheit lässt niemanden kalt. Selbst wer es seit Jahren Nacht für Nacht hört und sich für besonders abgebrüht hält, dem läuft ein Schauer über den Rücken. Die Furcht des Menschen vor dem Wolf ist alt. Nachts, wenn der Wald und seine Urkräfte zum Leben erwachen, fühlt sich der Mensch ungeheuer klein und vor Angst zieht sich ihm der Magen zusammen.

Die Hunde stimmten in das Heulen des Wolfes ein.

»Das hört gleich wieder auf«, sagte Tom. »Sie markieren nur ihr Revier.«

Damit wollte er Marie-Desneige beruhigen, die schreckliche Angst vor Wölfen hatte. Nach einem

Jahr im Wald waren viele ihrer Ängste verschwunden, nicht aber diese. Wenn sie abends am Feuer saßen und irgendwo in der Ferne ein Wolf heulte, vergaßen alle ihr eigenes Ziehen im Magen und blickten besorgt zu Marie-Desneige.

Obwohl Tom im Dunkeln nichts sehen konnte, spürte er, wie die Angst Marie-Desneige mit spitzen Nadeln angriff. Charlie, der neben ihr saß, blieb stumm und rührte sich nicht, aber er war wachsam. Seine ganze Aufmerksamkeit galt Marie-Desneige und ihrem Kampf gegen die Panikattacke.

Dann regte sich etwas im Dunkeln. Tom entging die Bewegung nicht. Charlie legte seine Hand, die auf seinem Oberschenkel geruht hatte, auf Marie-Desneiges geballte Faust. Er löste ihre Finger und nahm ihre Hand mit auf seinen Oberschenkel. Tom verfolgte die Geste in der Dunkelheit, und sie wühlte ihn auf. Die beiden Hände auf Charlies Schenkel waren das Symbol für ein Glück, das er nie gekannt hatte. Die beiden waren ein Paar, und sie waren in einem Augenblick vereint, der ihnen ganz allein gehörte.

Der Wolf war verstummt, die Hunde hatten sich wieder hingelegt, die Nacht atmete auf, und Tom wollte es wissen.

»Sag mal, Marie-Desneige, bist du eigentlich glücklich?«

Die Frage überraschte alle. Marie-Desneiges Antwort, die nach kurzem Zögern kam, überraschte sie allerdings noch mehr.

»Mir fehlt es an nichts, und ich habe mehr, als ich je zu hoffen gewagt hätte, aber ich hätte nichts dagegen, wenn hin und wieder ein Auto vorbeifahren würde.«

Marie-Desneige erklärte, dass sie in ihrem alten Leben, einem Leben, in das sie auf keinen Fall zurückwollte, am späten Nachmittag gern am Fenster gesessen und den Autos nachgeschaut hatte.

»Die Autos zu beobachten, ist ungeheuer entspannend. Sie bewegen sich die ganze Zeit, sie stehen nie still. Wenn man ihnen zusieht, bekommt man den Kopf frei. Das ist sehr erholsam.«

Marie-Desneige, die auf der geschlossenen Station einer psychiatrischen Klinik aus dem Fenster schaut oder auf der Veranda ihres Wohnheims sitzt und sich von den vorbeifahrenden Autos hypnotisieren lässt, um der Wirklichkeit zu entfliehen, das mochte für vier der Versammelten eine angenehme Vorstellung sein, nicht aber für Charlie, der soeben erfahren hatte, dass Marie-Desneige bei ihnen im Wald nicht wunschlos glücklich war.

Sie waren über den See gerudert, Tom vorne, Charlie hinten, Marie-Desneige in der Mitte. Die Hunde schwammen hinter dem Kanu her.

Seit einem Tag und einer Nacht sind sie nun schon hier und warten.

Sie warten, dass am anderen Ufer Ruhe einkehrt.

Sie sind nicht in Aufruhr, nicht in Panik. Sie sind in Sicherheit, sie müssen nur abwarten.

Der Tag beginnt wie jeder andere. Die Sonne zeigt sich zaghaft, ein Blauhäher stattet ihnen einen Besuch ab, ein Hase schaut vorbei, es ist ein goldener Herbsttag.

Sie frühstücken Corned Beef und Pfirsiche aus der Dose. Tee gibt es keinen. Sie wollen den Ofen nicht anzünden, der Rauch könnte sie verraten.

Nun sitzen sie vor der Sommerhütte und lauschen.

Aus der Einsiedelei dringen keine Geräusche zu ihnen herüber. Es herrscht tiefe Stille, nur der Wind rauscht in den Zedern und das Wasser des Sees schwappt ans Ufer.

»Sieht ganz so aus, als wäre es vorbei.«

»Ja. Sie sind weg.«

»Das müssen wir feiern.«

Tom zieht eine Flasche Whiskey aus der Tasche. Die Flasche steht seit seiner Ankunft in der Einsiede-

lei in seiner Hütte, aber er hat sie bisher nicht geöffnet, weil er Angst hatte, dass er, wenn er einmal anfinge, immer weitertrinken und wieder an der Bar eines schäbigen Hotels landen würde und letztlich in den Fängen einer Sozialarbeiterin.

Er hebt die Flasche und will die goldene Flüssigkeit gegen die Sonne betrachten, aber das Glas ist so schmutzig, dass es kein Licht durchlässt.

»Prost!«

Er schenkt sich ein Glas ein und bietet Charlie und Marie-Desneige von dem Whiskey an. Sie lehnen dankend ab, und er leert das Glas in einem Zug.

»Ah! Ich habe den Geschmack nicht vergessen.«

Er schenkt sich ein weiteres Glas ein, behält es in der Hand, schwenkt es und mustert die kreisende Flüssigkeit. Ein tiefes Glück durchströmt ihn. Er schließt die Augen, um das Gefühl zu genießen.

»Schmeckt genauso gut wie früher. Fehlen nur die Eiswürfel.«

Marie-Desneige beugt sich vor, hebt drei runde Kiesel auf und lässt sie in Toms Glas fallen.

Jetzt trinkt er in kleinen Schlucken, lässt die Eiswürfel klirren, kostet das Glück aus und wartet, dass die goldene Flüssigkeit ihre Wirkung tut.

Beim dritten Glas überkommt ihn eine Trägheit, die ihn vollkommen ausfüllt, und langsam, sehr langsam steht er auf, nimmt die Schaufel, die an der Wand der Hütte lehnt, und beginnt zu graben.

Zwei Gräber

Drei Wochen lang klapperte die Fotografin die Queen Street in Toronto nach einem Ort ab, wo sie Teds Bilder ausstellen konnte, aber jede Galerie hatte ihren Schwerpunkt, und Teds Werk passte in keine Schublade. Als die Fotografin zurück in den Wald fuhr, hatte sie den Eindruck, gescheitert zu sein.

Sie sah gleich, dass etwas nicht stimmte. Vor dem Hotel parkte kein Quad, die Eingangstür stand offen, und weder Steve noch Darling kamen heraus, um sie zu begrüßen. Mehrere Fahrzeuge hatten tiefe Furchen in dem weichen Boden vor dem Hotel hinterlassen. Die Fotografin rannte in den großen Saal. Was sie dort sah, bestätigte ihre Befürchtungen. Die Polizei war hier gewesen. Sie hatten die Möbel umgeworfen und alles durchwühlt. Sie waren nicht zimperlich gewesen, sie hatten sogar die Dielen herausgerissen und die ausgestopften Tiere des Libanesen von den Wänden geholt.

Die anderen waren unzählige Male durchgegangen, was sie bei einer Razzia tun würden. Die Fotografin kannte alle Einzelheiten des Plans. Steve roch einen Drogenfahnder zehn Meilen gegen den Wind, und im Fall der Fälle würde er Darling zu Charlie schicken, um ihn zu warnen. Jahrelang war nichts passiert, aber sie hatten immer damit gerechnet, dass es irgendwann dazu käme.

Die Fotografin fuhr zur Einsiedelei und rannte zu Charlies Hütte, die wie erwartet leer war. Auch Marie-Desneiges Häuschen lag verlassen da. Als sie vor Teds Hütte am Ufer des Sees stand, atmete die Fotografin auf. Das Kanu war verschwunden. Die anderen waren zur Sommerhütte übergesetzt. Also hatte Steve sie rechtzeitig warnen können.

Die Fotografin war erleichtert, aber ratlos. Was nun?

Sie stattete Toms Camp und der Grasplantage einen Besuch ab. Die Pflanzen waren fort, die Plantage dem Erdboden gleichgemacht. An die tausend Cannabispflanzen mit prallen Blüten, die kurz vor der Ernte standen, waren ausgerissen und niedergetrampelt worden. Auch hier hatten sich die Polizisten nicht gerade zurückgehalten. Die Fotografin dachte an Steve, der mittlerweile vermutlich im Knast saß, und an Bruno, der sich, falls er der Razzia entgangen war, wohl nicht so bald wieder blicken ließe. Würde sie die beiden je wiedersehen? Die Fotografin war enttäuscht, als hätten die beiden sie verlassen oder verraten. Sie hatte nicht einmal eine Adresse von ihnen. Bruno wie? Steve wie? Sie wusste die Nachnamen nicht. Vielleicht hießen sie in Wahrheit Marc und Daniel, dachte sie, vielleicht kenne ich sie nur unter falschem Namen. Die Wirklichkeit schien ihr zu entgleiten, sie hatte das Gefühl, durch die Trümmer einer Katastrophe zu irren, deren Sinn sie nicht verstand.

Irgendwann kam sie wieder vor Teds Hütte an. Der See lag ruhig da, es war windstill, keine Welle kräuselte das Wasser. Die Fotografin stand lange am Ufer und starrte zu der Landzunge hinüber, hinter der sich die Sommerhütte ihrer Freunde verbarg.

Sie musste zum anderen Ufer, aber ohne Kanu war das unmöglich.

Die Fotografin machte sich an die Arbeit. Sie klapperte die Hütten ab, suchte Werkzeuge, Bretter und Sperrholz zusammen und begann, ein Floß zu bauen. Nichts Ausgeklügeltes, es musste sie nur ans andere Ufer bringen.

Sie fragte sich, wie es den anderen dort drüben erging, vor allem Marie-Desneige. Sie war so zerbrechlich, und die Sommerhütte bot viel weniger Komfort als ihr Häuschen. Hatte sie alles mitnehmen können, was sie brauchte? Um diese Jahreszeit wurde es nachts schon empfindlich kalt. Hatte sie bei ihrer überstürzten Flucht Zeit gehabt, warme Kleider einzupacken?

Die Fotografin unterbrach ihre Arbeit und lief zu Marie-Desneiges Häuschen hinüber. Sie achtete nicht auf die Unordnung, sondern interessierte sich für die Kleider, die in einem Haufen auf dem Boden lagen. Sie kannte jedes einzelne von Marie-Desneiges Kleidungsstücken.

Die schwarze Hose, die orange Fleecejacke und das karierte Hemd fehlten. Diese Sachen musste sie bei ihrer Flucht getragen haben. Die Fotografin war beruhigt, denn das karierte Hemd war schön warm. Allerdings wunderte sie sich, dass auch der Morgenmantel verschwunden war – man sollte nicht meinen, dass eine alte Frau, die Hals über Kopf aufbrechen muss, ein so nutzloses Kleidungsstück mitnimmt. Doch wenn die Fotografin es recht bedachte, war das nicht weiter verwunderlich: Der Morgenmantel war das weiblichste und wertvollste Stück ihrer Garderobe.

Nach einer Weile fiel ihr auf, dass noch etwas anderes fehlte. Sie durchwühlte den Kleiderhaufen auf der Suche nach Marie-Desneiges Winterparka, als etwas ihr Bein streifte. Monseigneur, schoss es ihr durch den Kopf, aber es war nur ein Geschirrtuch. Als sie den Stoff an ihrem Bein spürte, fiel ihr Marie-Desneiges Kater ein. Seit ihrer Ankunft in der Einsiedelei hatte sie ihn nicht gesehen.

Sie fand den Parka unter dem Bett, nicht aber den Kater. Die Fotografin ging zu Charlie hinüber, aber auch da war kein Kater. Als sie aus der Hütte trat und die Tür hinter sich zuzog, hatte sie plötzlich ein Bild vor Augen, ein sehr eindringliches Bild, das sie zum Kehrtmachen zwang. Ihr Gehirn hatte registriert, was sie in der Hast übersehen hatte oder was ihr Unbewusstes nicht hatte sehen wollen. Sie ging zurück in die Hütte, obwohl sie längst wusste, was sie dort erwartete. Sie zwang sich, hinzuschauen. Das Regal über dem Bett war leer. Die Blechdose war verschwunden.

Das Gehirn besitzt einen Schutzmechanismus gegen Überforderung, und das Gehirn der Fotografin setzte in diesem Moment einfach aus, es weigerte sich, weiterzuarbeiten. Sie stand mit starrem Blick vor dem Regal und dachte nichts. Vor ihrem inneren Auge versuchte sie, zwei Bilder zusammenzubringen. Das eine Bild hatte ihr Gehirn vor einigen Minuten gespeichert, ohne dass sie sich dessen bewusst gewesen wäre, das andere hatte sie gerade in diesem Moment vor Augen. Beide Bilder waren identisch, aber noch unscharf, und als sie sich endlich deckten und zu einem einzigen Bild verschmolzen, ging der Fotografin auf, dass nicht nur die Blechdose fehlte, sondern auch der Schuhkarton, in dem Charlie seine Papiere aufbewahrte, die echten und die gefälschten.

Erst als die Fotografin später über den See paddelte, kamen die Fragen und die Antworten und die Angst davor, was sie am anderen Ufer erwartete.

Zunächst ging sie wieder an die Arbeit. Sie sägte, hämmerte und schraubte. Als das Floß nach einer Stunde fertig war, kam sie auf die Idee, nachzuschauen, ob Toms Blechdose noch da war.

Die Dose war weg.

Sie rannte hinüber zu Ted. In dem Chaos, das die

Polizei hinterlassen hatte, fand sie zwischen Farbeimern seine Blechdose, verschlossen und unversehrt. Als ihr Gehirn auf dem See allmählich wieder aus seiner Starre erwachte, zog sie daraus einen entsetzlichen Schluss: Da sich die Polizei ganz offensichtlich nicht für Teds Strychnin interessiert hatte, mussten Tom und Charlie ihre Dosen mitgenommen haben. Sie stieß das Paddel wütend ins Wasser. Das würde sie ihnen nie verzeihen!

Während der Überfahrt überkamen sie abwechselnd Wut und Verzweiflung, was nicht gerade hilfreich war. Sie hätte gelassener und konzentrierter rudern müssen, denn ein Floß ist schwerer zu steuern als ein Kanu, und wenn man nicht aufpasst, driftet es ständig ab, und hinzu kam, dass die Fotografin kein richtiges Paddel hatte, sondern nur ein Brett. Die Landzunge, auf die sie zusteuerte, blieb immer gleich weit entfernt, egal, wie kräftig sie ruderte.

Die Fotografin stand unter Hochspannung, der Zorn trieb sie voran, sie war wütend auf Tom und Charlie, weil sie Marie-Desneige mitgenommen hatten. Aber was hätten sie sonst tun sollen? Die Fotografin war klar genug im Kopf, um zu wissen, dass Tom und Charlie Marie-Desneige nicht allein in der Einsiedelei hatten zurücklassen können, aber würde Marie-Desneige auch die Wahl haben, wenn die beiden Männer beschlossen, sich das Gehirn mit Strychnin zu verätzen?

Bisher hatte die Fotografin Tom und Charlie für ihr stolzes Waldmenschendasein bewundert, für die Art und Weise, wie sie dem Tod die Stirn boten, wie sie ihm ins Gesicht lachten, für die Überheblichkeit, mit der sie meinten zwischen Leben und Tod wählen zu können. Die Fotografin hatte sie stets beneidet und sich gewünscht, sie wäre etwas mehr wie sie, aber nun war es vorbei mit der Bewunderung. Vor ihrem inneren Auge sah sie, wie Marie-Desneige von Krämpfen geschüttelt starb.

Das dürfen sie nicht, schrie sie auf den See hinaus. Der Schrei kehrte als Echo zu ihr zurück. Die Fotografin hatte erst die halbe Strecke geschafft, die Landzunge leuchtete rosa im Licht der untergehenden Sonne, die sich am Horizont tiefrot färbte, und hinter der Postkartenlandschaft lag die Bucht ihrer Freunde.

Das dürfen sie nicht, wiederholte sie stumm. In ihrem Inneren verschmolz ihre Stimme mit der von Marie-Desneige. Sie klang sehr nah und zitterte leicht: Ich habe immer gewusst, dass ich irgendwann ein eigenes Leben haben würde.

Die Fotografin stieß das Paddel noch kräftiger ins Wasser. Sie kniete in der Mitte des Floßes auf Marie-Desneiges Parka. Den Parka hatte sie für die kalten Nächte mitgenommen. Monseigneur hätte sie auch gern mitgenommen, damit er Marie-Desneige Gesellschaft leistete, aber sie hatte den Kater nirgends finden können. Sie ruderte und ruderte und ruderte. Da drüben hinter der Landzunge war irgendwo ein Mensch, der gerade erst das Licht der Welt erblickt hatte, eine kleine alte Dame, der nur noch wenige Jahre blieben und deren Leben von einer Blechdose bedroht wurde.

Der Rücken begann ihr zu schmerzen. Das Stechen zog sich vom Nacken über die Schulterblätter bis hinunter ins Kreuz. Der Schmerz war heftig, er strahlte bis ins Gesäß, doch die Fotografin kam nicht auf die Idee, ihre Haltung zu ändern oder langsamer zu rudern.

Die Dämmerung überzog den Himmel längst mit Gold und Purpur, als eine völlig entkräftete Frau in der Bucht an Land ging.

Ihr war gar nicht bewusst, wie erschöpft sie war. Die Muskeln schmerzten von der ungewohnten Beanspruchung, die Beine waren steif von der unbequemen Haltung, ihr Herz klopfte wie das eines Mädchens bei seiner ersten Verabredung. Was, wenn die drei in der Hütte Karten spielten und sich darüber amüsierten, dass sie der Welt wieder einmal ein Schnippchen geschlagen hatten? Man kann das Herz nicht am Hoffen hindern, und so ging die Fotografin mit dieser verrückten Hoffnung im Herzen auf die Hütte zu. Das Kanu war nirgends zu sehen, wahrscheinlich hatten sie es am Ufer versteckt. Sie dachte sich nichts weiter dabei.

Die Hütte war leer. So leer wie nie. Auf dem Küchenbrett stand eine einsame Dose Pfirsiche. Allerdings war bis vor kurzem noch jemand hier gewesen, und zwar lange genug, um die Vorräte aufzubrauchen. Die Kerzen und Töpfe waren ebenfalls fort. Als die Fotografin sich genauer umsah, fiel ihr auf, dass auch die Pelze, die kleine Axt, die neben dem Ofen gelegen hatte, und das Kartenspiel fehlten. Das mit dem Kartenspiel wunderte sie. Die Hütte war unversehrt, Fensterscheibe und Tür intakt, also hatte kein Bär die Hütte aufgebrochen und durchstöbert. Nein, hier waren bloß Menschen gewesen, aber sie hatten keine Spuren hinterlassen, nur eine beunruhigende Leere.

Die Fotografin trat vor die Tür und begann mit der Suche, zwischen Hoffen und Bangen. Die einbrechende Dunkelheit trennte die Blätter von den Bäumen, und in der Dämmerung hatten die Gräser und Felsen schärfere Konturen, aber weniger Tiefe. Noch konnte die Fotografin gut sehen. Das schwindende Licht ließ die Natur wirklicher erscheinen.

Hinter der Hütte stieß sie auf die Gräber. Zwei Rechtecke frisch aufgeworfener Erde unter einer großen Lärche, und natürlich kein Kreuz, keine Inschrift, nichts, was darauf hindeutete, dass hier Menschen ihre letzte Ruhe gefunden hatten. Zwei Gräber dicht nebeneinander, das konnten nur Marie-Desneige und Charlie sein. Tom musste die beiden begraben haben, um ihre Leichen vor wilden Tieren zu schützen, so wie er auch schon Ted begraben hatte. Die Gräber würden rasch zuwuchern, im nächsten Frühling würde nichts mehr von ihnen zu sehen sein. Im Wald stirbt man, wie man lebt, still und leise wie ein Blatt, das vom Baum fällt. Die Fotografin hätte ins Philosophieren kommen können, die Nähe des Todes verleitet häufig dazu, und sie hätte sich auch fragen können, wo Tom war, aber die Erschöpfung, die Wut und der Kummer gaben ihr den Rest. Sie sank zwischen den beiden Gräbern nieder und blieb dort liegen.

Sie war nicht ohnmächtig geworden, eine Frau ihres Kalibers verliert nicht einfach das Bewusstsein, ihre Beine hatten bloß nachgegeben, und so lag sie mit dem Gesicht zum Boden zwischen den beiden Gräbern. Seltsamerweise fand sie den Gedanken tröstlich, ihrer Freundin auf diese Weise nah zu sein. Hier ruht eine alte Frau mit ihren Hoffnungen und Träumen, sagte die Erde. Ihr Leben passte in ein einziges Jahr, der Rest war unwichtig, den Rest nahm sie nicht mit ins Grab, und an ihrer Seite ruht ihr Gefährte. Er liebte sie, wie man einen Vogel liebt, einen seltenen Vogel, der dir von weit her zugeflogen ist und der sich in deiner Hand ein Nest gebaut hat.

Charlie wacht selbst im Tod noch über Marie-Desneige, dachte die Fotografin.

Ihre Wut war verraucht. Nun tröstete sie das Wissen, dass die beiden für immer vereint waren. Die Fotografin wollte sich nicht mit dem Gedanken an ihre letzten Worte, ihre letzten Blicke quälen, an den Moment, bevor sie das Strychnin geschluckt hatten. Ihr Verstand wehrte sich mit aller Kraft dagegen, sich vorzustellen, wie die beiden gestorben und wie sie begraben worden waren. Sie wollte an nichts anderes denken als daran, dass sie im Tod vereint waren, dass sie in der Erde geborgen nebeneinanderlagen, an einer Stelle, die von der untergehenden Sonne beschienen wurde.

Dann kam ihr Tom in den Sinn. Wo war er zum Sterben hingegangen? Ein Toter kann sich schließlich nicht selbst begraben. Er hatte einen Ort finden müssen, an dem seine Leiche vor wilden Tieren geschützt war.

Der See, dachte sie, als ihr das verschwundene Kanu einfiel, nur auf dem Wasser wäre seine Leiche in Sicherheit.

Bei diesem Gedanken sprang sie auf, lief zum Ufer und begann, nach dem Kanu zu suchen.

Die Dämmerung zog sich rings um die Bäume zusammen, die nur noch als dunkle Umrisse zu erkennen waren. Im Zwielicht sah sie einen Schatten auf sich zuhuschen. Ein Hase streifte ihr Bein und rannte Haken schlagend davon.

Die Fotografin ging am Wasser entlang bis zu einem großen Granitfelsen, machte kehrt, starrte auf den See hinaus und hielt Ausschau nach einen treibenden Kanu.

Sie war traurig. Toms Tod machte sie noch trauriger als der Tod von Marie-Desneige und Charlie. Die beiden waren wenigstens gemeinsam gestorben, während Tom ganz allein gewesen war. Hatte er, als er seinen letzten Atemzug tat, an jemand Bestimmtes gedacht? Toms Leben blieb ein Rätsel, trotz all der Geschichten, die er erzählt hatte.

Die Fotografin stand am Ufer, um ihm Gesellschaft zu leisten, bis die Dunkelheit sich vollständig über sie senkte und sie nichts mehr sehen konnte. Sie tappte durch die Nacht und durch die Schwere ihrer Gedanken zurück zur Hütte.

Es war kalt. Sie zitterte am ganzen Körper.

Drinnen legte sie sich auf eines der Bettgestelle und deckte sich mit Marie-Desneiges Parka zu, dem Einzigen, was ihr von der Freundin geblieben war. Sie fand keinen Schlaf, zu viele Gedanken geisterten ihr im Kopf herum, sie dämmerte vor sich hin und träumte von Hunden, die sich gegenseitig zerfleischten, und Wölfen, die den Mond anheulten. Ich habe die Hunde vergessen, dachte sie matt, wo haben sie die Hunde begraben? Dann schlief sie doch ein.

Sie stehen vor den ausgehobenen Gräbern.

Tom ist angetrunken. Beim Graben hat er den Rausch genossen und schwankend versucht, das Gleichgewicht zu wahren, und jetzt will er nur noch eins, ein Glas, ein letztes Glas. Ich will betrunken sterben.

Das ist sein letzter Wille.

Charlie nickt, er versteht den alten Freund. Tom möchte auf vertrautem Terrain sterben. Marie-Desneige versteht es nicht, aber sie weiß, dass man einem Sterbenden den letzten Wunsch nicht verwehrt.

Während Tom sich auf vertrautes Terrain begibt, bereiten Marie-Desneige und Charlie sein Grab vor. Sie legen den Boden mit einem Bärenfell aus. So hat er es schön weich, denkt Marie-Desneige. Völlig überflüssig, denkt Charlie, alles wird so schnell gehen, dass er das Fell gar nicht spürt.

Tom sitzt auf dem Rand der Grube, umarmt seinen Hund und lässt die Beine baumeln. Ein Auge starrt auf das Bärenfell, das andere rollt in alle Richtungen. Er wartet darauf, dass sein Leben an ihm vorbeizieht. Was wird er sehen? Eine Frau? Welche Frau würde mit ihm sterben wollen? Immer, wenn er vom Tod geträumt hatte, war da auch eine Frau mit heller Haut gewesen, die sich an ihn geschmiegt hatte und langsam mit ihm verschmolzen war.

Er umklammert seinen Hund und lässt sich in die Grube fallen.

Er ist nicht betrunken, jedenfalls nicht so sehr, wie er gehofft hatte. Er ist völlig klar im Kopf. Er sieht Charlie und Marie-Desneige im Gegenlicht stehen. Sie sind groß, sehr groß, und sehr lebendig. Sie sind sehr groß, und sie haben versprochen, bis zum Ende bei ihm zu bleiben.

»Ich werde hier unten überwintern, Charlie, alter Freund. Es ist zwar nicht groß, aber für mich reicht es.«

Er steht in der Grube, ein Glas in der Hand, die leere Flasche in der anderen. Alle drei wissen, was die leere Flasche bedeutet. Drink, der sich auf dem Bärenfell ausgestreckt hat, weiß es als Einziger nicht.

Tom trinkt sein letztes Glas und legt sich neben den Hund.

Charlie verfolgt die Bewegungen seines Freundes. Er macht sich Sorgen. Er will, dass alles gutgeht, er hofft, dass das Strychnin schnell wirkt, dass Tom kein Blut spuckt oder sich übergeben muss.

»Tom«, sagt Charlie langsam und eindringlich, mit einer ihm völlig fremden Stimme. »Tom, vergiss nicht, nur eine Prise, und das Doppelte für Drink, sonst …«

»Sonst wird das kein schöner Anblick, was? Keine Sorge, ich weiß mich zu benehmen, vor allem in Gegenwart von Damen.«

Er zieht die Blechdose aus der Tasche und wendet sich seinem Hund zu. Fast zärtlich öffnet er ihm das Maul und legt ihm die weißen Kristalle auf die Zunge. Bevor er selbst die tödliche Dosis nimmt, will er noch ein paar Worte sagen, etwas Lustiges zum Abschied.

»Euch beiden ein langes Leben und grüßt mir die Welt!«

Dann schluckt er das Gift.

Es beginnt augenblicklich zu wirken. Toms Körper zuckt und windet sich, die Arme und Beine werden steif und geraten mit den Pfoten des Hundes aneinander, das Tier kratzt ihn, tritt ihn, reißt ihm die Haut auf, die Krämpfe sind schrecklich anzusehen. Charlie hat ihn gewarnt, ihr werdet euch zerfleischen, aber Tom hat darauf bestanden, ich will Drink bei mir haben, und Charlie hat ihm seinen Willen gelassen, gegen Tom kam man nicht an. Jetzt würde er am liebsten in die Grube steigen und Drink herausholen, damit der Freund in Frieden sterben kann. Aber es ist zu spät. Vor Toms Mund und Drinks Maul bildet sich Schaum, das Ende ist nah, Charlie hält Marie-Desneige fest im Arm. Sie beobachtet stumm und fasziniert, wie der Tod sein Werk tut.

Langsam und schwerfällig bedecken sie die Leichen mit Erde. Charlie gebraucht die Schaufel, Marie-Desneige lässt Erde aus ihrer Hand in die Grube rieseln. Als Nächstes sind Darling, Steves Hündin, und Kino, Teds Hund, an der Reihe. So haben sie es gemeinsam beschlossen. Tom würde sich ein Grab mit Drink teilen, die beiden anderen Hunde bekämen ein eigenes. Am Abend zuvor war alles gesagt worden. Sie hatten sich in der Sommerhütte voneinander verabschiedet, hatten Worte ausgesprochen, die ein Leben beschließen, hatten sich ein letztes Mal die Hand gegeben. Noch einen Winter überstehe ich nicht, hatte Tom gesagt, ich habe lang genug gelebt, für mich ist es zu Ende.

Charlie und Marie-Desneige töten und begraben die Hunde. Dann folgt die zweite Etappe, der Aufbruch ins Ungewisse.

Sie gehen zurück in die Sommerhütte und packen alles Nötige zusammen. Töpfe, Felle, die Axt, die Angel, Konservendosen. Marie-Desneige stellt eine Dose Pfirsiche zurück ins Regal. Für Ange-Aimée, sagt sie.

»Wollen wir ihr nicht eine Nachricht hinterlassen?«

»Besser nicht«, sagt Charlie.

Sie beladen das Kanu mit ihrem Hab und Gut. Marie-Desneige lässt sich vorne nieder und hebt den Kater auf ihren Schoß. Chummy sucht sich einen Platz zwischen dem Gepäck in der Mitte. Charlie sitzt hinten. Das Kanu ist schwer beladen, Charlie muss sich mehrmals mit dem Paddel abstoßen, um den Kiel aus dem Sand zu befreien. Sie gleiten über den See davon.

Am Ufer steht eine Gestalt und sieht ihnen nach. Der Tod hat alle Zeit der Welt. Sollen sie ruhig hoffen, ihm zu entkommen. Er wird sie schon noch kriegen.

Die Vögel fielen vom Himmel

Schließlich fand die Fotografin doch noch einen Ort für ihre Ausstellung. Als sie in der letzten Galerie auf ihrer Liste eine Absage bekam und gerade die Hoffnung aufgeben wollte, unterbreitete eine junge Frau, die das Gespräch mit angehört hatte, ihr ein Angebot. Sie wisse da etwas, es sei zwar keine Galerie, im Grunde sei es noch gar nichts, aber der Ort eigne sich gut für Experimente.

Die junge Frau hieß Clara Wilson und war selbst Künstlerin. Eine Glasbläserin. Der Ort, von dem sie gesprochen hatte, war tatsächlich alles andere als eine Galerie. Es handelte sich um ein Fabrikgebäude aus dem neunzehnten Jahrhundert, eine alte Küferei auf dem Gelände der ehemals größten Whiskeybrennerei des britischen Empire. Die Architektur sei etwas erdrückend, stecke aber voller Möglichkeiten, hatte Clara gesagt. Sie zeigte der Fotografin die Stangen, die sie unter der Decke anbringen, und die Stahlträger, die sie freilegen wollten. Die viktorianischen Fenster in den dicken Backsteinmauern würden sie so lassen, wie sie waren, die Umbauarbeiten sollten sich auf das Nötigste beschränken. Clara gehörte einem Künstlerkollektiv an, das nicht viel Geld hatte. Im Frühjahr, spätestens im Mai, werde alles fertig sein. Das passte der Fotografin gut, es gab noch viel vorzubereiten.

In die Einsiedelei kehrte sie nicht zurück. Sie hatte genug gesehen. Manchmal hätte sie die Gräber am liebsten vergessen. Sie stellte sich gern vor, dass ihre Freunde nicht tot waren, sondern irgendwo tief im Wald in einer neuen Hütte ein neues Leben begonnen hatten. Doch ein Bild in ihrem Kopf zerstörte erbarmungslos jede Hoffnung: das leere Regal über Charlies Bett. Noch niederschmetternder als die verschwundene Strychnindose war im Übrigen der fehlende Schuhkarton.

Der Karton war Charlies wertvollster Besitz gewesen. Darin bewahrte er seine Ausweise auf, die echten und die gefälschten, und Geld, sehr viel Geld. Charlie hatte ihr den Karton gezeigt, kurz bevor sie nach Toronto aufgebrochen war. Das ist für Marie-Desneige, hatte er gesagt, falls sie eines Tages hier im Wald nicht mehr glücklich ist. Die Fotografin war beeindruckt gewesen von den vielen Geldscheinen in dem Schuhkarton. Mehrere Rollen Hundertdollarscheine, zusammengehalten von dicken Gummibändern. Sie schätzte, dass es mehrere Tausend Dollar waren. Die Rentenschecks von der Regierung, erklärte Charlie. Ich habe es nie geschafft, alles auszugeben.

Für Marie-Desneige, wiederholte er.

Die Fotografin hatte ihm versprochen, dass sie einen Ort finden würde, an dem Marie-Desneige leben könnte, und dass sie sich um sie kümmern würde, falls sie die Einsiedelei eines Tages verlassen wollte.

An der grenzenlosen Erleichterung in Charlies Augen hatte die Fotografin gesehen, dass er zu allem bereit war, um Marie-Desneige glücklich zu machen. Das Händchenhalten, die verliebten Blicke, all das, was sie für ein harmloses Spiel, für eine späte Liebelei gehalten hatte, war in Wahrheit etwas sehr viel Tieferes. Die beiden liebten einander wie mit zwanzig. Charlies leeres Regal konnte nur eins bedeuten: Sie hatten beschlossen, gemeinsam in den Tod zu gehen, ohne eine Spur zu hinterlassen.

Irgendwann akzeptierte die Fotografin das, was sie lange nicht hatte hinnehmen wollen. Wer kommt schon gegen die Liebe an? Nach einigen Monaten wurde das leere Regal in ihrer Vorstellung zu einem romantischen Bild. Charlie und Marie, die wie Romeo und Julia Hand in Hand ihrem Schicksal entgegentraten.

Steve und Bruno waren jedenfalls noch am Leben. Steve saß in Monteith in Untersuchungshaft, ohne Aussicht, auf Kaution freigelassen zu werden, weil der Richter überzeugt war, dass er sofort untertauchen und sich irgendwo in einer Hütte im Wald verstecken würde. Von Bruno hatte die Fotografin keine Neuigkeiten, sie wusste nur, dass er nicht in der

Einsiedelei gewesen war, als die Polizei aufgetaucht war. Seit der Razzia hatte ihn niemand mehr gesehen. Sie selbst musste die Gegend ebenfalls meiden, die Polizei suchte nach Komplizen.

Das hatte ihr Jerry berichtet, der Hotelbesitzer, bei dem Steve jeden Monat Toms und Charlies Rentenschecks abgeholt hatte.

»Und was ist mit den anderen?«, fragte die Fotografin, ohne ihre Namen zu nennen.

»Welchen anderen?«, fragte der untersetzte Mann und hob eine Augenbraue.

Es war deutlich, dass Jerry nie an die Existenz von Tom und Charlie geglaubt hatte und noch weniger an die Geschichte von der alten Frau, die zu ihnen in den Wald gezogen war. Er glaubte nur an krumme Geschäfte und das, was für ihn dabei heraussprang.

Die Fotografin hatte nie wieder einen Fuß in Jerrys Hotel gesetzt. Sie war froh, den Mann nicht wiedersehen zu müssen.

In den folgenden Monaten war sie mit den Vorbereitungen für die Ausstellung beschäftigt. Die Gemälde waren alles, was ihr von dem Jahr geblieben war, das sie mit ihren betagten Freunden in der Wildnis verbracht hatte. Dreihundertsiebenundsechzig Gemälde, Teds Schmerz, den er auf die Leinwand gebannt hatte, und Marie-Desneiges Blick, mit dem sie jeden Farbklecks durchdrungen hatte. Die Gemälde für die Ausstellung standen überall in ihrer

Wohnung herum, die übrigen lagerten in einer Halle im Norden der Stadt.

Manchmal schreckte die Fotografin mitten in der Nacht aus einem Albtraum hoch, dessen Bilder sie nicht zu greifen bekam. Dann wanderte sie durch die Wohnung, und ein Farbtupfer auf einem der Gemälde katapultierte sie geradewegs zurück in den Wald zu ihren Freunden.

Die Arbeit lenkte sie ab. Neben den Ausstellungsvorbereitungen nahm sie mehrere Aufträge an. Sie musste so vieles bedenken, so vieles erledigen, so viele Entscheidungen treffen. Zum Glück hatte sie Clara. Die junge Frau war ein Frühlingswind und ihre Freunde Lichtgestalten. Die Fotografin ließ sich von ihrer Begeisterung anstecken. Die jungen Leute waren hin und weg von der Vorstellung, dass sie einen unbekannten Maler ausstellen würden, einen Eigenbrötler und Freigeist, jemanden, der nie einen Lehrer gehabt hatte, ein Naturtalent, ein inspirierendes Vorbild mit einem unvergleichlichen Gefühl für Komposition. Clara und ihre Freunde lobten Teds Bilder in den höchsten Tönen. Sie bewunderten auch ihre Fotos. Die Fotografin war froh, dass sie die Wista benutzt hatte. Ihre alte Balgenkamera verlieh dem Licht Textur und den Blicken Tiefe.

Das Projekt nahm Fahrt auf. Manchmal schwirrte der Fotografin von dem ganzen Trubel der Kopf. Es würde eine große Ausstellung werden. In der ehemaligen Brennerei wurde schon seit Jahren kein Whiskey mehr hergestellt, und es kursierten viele Gerüchte darüber, was mit den alten Backsteinbauten und den Kopfsteinpflastergassen passieren sollte. Höchstwahrscheinlich würde auf dem Gelände ein kleines Ausgehviertel entstehen, mit Boutiquen, Galerien, einem Theater und Restaurants, ein wenig wie Yorkville, nur mit europäischem Flair. Jedenfalls wollten Clara und ihre Freunde von Anfang an dabei sein, wenn sich das Ganze zu einem Ort für Kunst, Kultur und gutes Essen entwickelte.

Clara und ihre Freunde ließen der Fotografin bei der Ausstellung völlig freie Hand. Das Konzept gefiel ihnen. Gemälde und Fotos, die in einen Dialog traten, und dann noch diese unglaubliche Geschichte von dem Großen Brand von Matheson und dem Jungen, der halb blind durch die rauchenden Trümmer geirrt war, weil er nicht nur nach einem Mädchen gesucht hatte, das er liebte, sondern gleich nach zweien, zwei Schwestern, die sich frappierend ähnlich sahen und von denen er sein ganzes Leben lang nicht loskommen sollte. Liebe, Getriebenheit, Schmerz, Wildnis und Erlösung durch die Kunst, das alles waren Themen, die den jungen Künstlern am Herzen lagen. Sie glaubten fest, dass man im Leben erst durch die Finsternis gehen muss, um ins Licht zu gelangen.

Ganz besonders interessierten sie sich für die Serie *Junge Mädchen mit langem Haar.* Die Fotografin hatte beschlossen, nur fünf Gemälde daraus zu präsentieren. Auf dem ersten ist das Floß in der Ferne zu sehen, ein goldener Streifen im schwarzen Wasser. Dann sieht man es aus der Nähe, und die beiden Mädchen paddeln mit bloßen Händen. Auf dem nächsten Bild haben sie jemanden am Ufer entdeckt, sie winken verzweifelt und rufen um Hilfe. Dann geschieht das Unglück. Auf dem vierten Bild kentert das Floß und versinkt in den schwarzen Fluten. Das letzte Bild zeigt die betörend schönen Gesichter der Mädchen.

Die Serie hätte eigentlich von einem Foto Angie Polsons begleitet werden müssen, der einzigen noch lebenden Beteiligten an dieser Liebestragödie, aber weil die Fotografin es versäumt hatte, auf den Auslöser zu drücken, als sie im High Park mit der alten Dame auf einer Bank gesessen hatte, fehlte das Foto.

Stattdessen würde sie das Porträt, das Ted Boychuck von Angie Polson gemalt hatte, in die Ausstellung aufnehmen. Darauf war Angie Polson jünger als bei ihrer Begegnung im High Park, zwanzig oder dreißig Jahre jünger, aber in ihren Augenwinkeln funkelte dasselbe rosa Licht.

Unter dem Porträt würde auf einem kleinen Pappschild stehen:

Angie Polson, geboren 1902 in Matheson. Das Porträt entstand zwischen 1965 und 1975. Sie überlebte den Großen Brand, indem sie mit ihrer

Zwillingsschwester Margie auf einem selbstgebauten Floß den Black River hinuntertrieb. 1920 zog sie aus Matheson fort und ging nach Toronto. Über ihr weiteres Leben ist nichts bekannt. Zuletzt wurde sie 1972 in Matheson gesehen und dann noch einmal im Frühjahr 1994 im High Park in Toronto. Ihre Zwillingsschwester starb 1969 an Krebs.

Clara gefiel der Text nicht. Sie fand ihn zu förmlich, zu kalt, zu gefühllos. Er klammere die Schönheit aus, die Liebe, die Leidenschaft. Und dann dieser Satz: »Über ihr weiteres Leben ist nichts bekannt.« Das war doch falsch, grundfalsch! Wir wissen, dass ihr Leben – genau wie das ihrer Schwester – eine Aneinanderreihung von mehr oder minder vergeblichen Versuchen war, mit ihrer großen Liebe zusammenzukommen. Wir wissen, dass ihre Bemühungen zum Scheitern verurteilt waren, weil beide einen Mann liebten, der nicht lieben konnte. Und wir wissen, dass der Mann bei seinem Tod ein Werk hinterlassen hat, das die Schönheit der beiden Schwestern preist. Warum das Wesentliche verschweigen?

Die Fotografin überarbeitete den Text:

Angie Polson, geboren 1902 in Matheson. Das Porträt entstand zwischen 1965 und 1975. Sie überlebte den Großen Brand von Matheson, indem sie mit ihrer Zwillingsschwester Margie auf einem selbstgebauten Floß den Black River hin-

untertrieb. Boychuck, damals fünfzehn Jahre alt, irrte auf der Suche nach den beiden Schwestern tagelang durch die verbrannte Landschaft. Als er sie nicht fand, verließ er Matheson. Er kehrte 1922 zurück, aber da war Margie verheiratet und Angie wartete in Toronto auf ihn. Es folgten unzählige verpasste Gelegenheiten und missglückte Verabredungen. Diese unerfüllte Liebe würde die drei ihr Leben lang verbinden. Margie starb 1969, Ted Boychuck 1996, Angie lebt noch. Zuletzt wurde sie im Frühjahr 1994 in Toronto im High Park gesehen.

Die Fotografin war sehr zufrieden mit dem letzten Satz. Am liebsten hätte sie hinzugefügt: »Sie saß auf einer Bank und fütterte Vögel«, aber dafür war auf dem Schild kein Platz mehr. Zumindest, dachte die Fotografin, würden sich die Ausstellungsbesucher fragen, ob sie die alte Dame nicht im High Park oder sonst wo gesehen hatten.

Sie wollte die alte Dame, die im Park Vögel gefüttert hatte, unbedingt wiederfinden. Als ihr das Wort »Vögel« durch den Kopf ging und sie es am liebsten auf das zu kleine Schild geschrieben hätte, begriff sie mit einem Mal, dass die Ausstellung nur diesem einen Zweck diente: Die Fotografin wollte Angie Polson wiederfinden.

Die Vögel fielen vom Himmel, hatte die alte Dame im High Park gesagt.

»Die Vögel fielen vom Himmel?«, fragte Clara.

Die Fotografin hatte einen Titel für ihre Ausstellung gefunden.

Der Titel würde Angie Polson zu ihr führen, falls sie ihn irgendwo las oder davon hörte.

Am ersten schönen Apriltag ging die Fotografin in den High Park. Sie war halb hier, im Frühling, halb anderswo. Sie dachte an Nadelwälder, große Seen, klare Luft, die man tief einatmen will, und an eine alte Dame, die auf einer Bank auf sie wartete.

Doch Angie Polson war nicht da. Es reicht leider nicht, etwas unbedingt zu wollen, damit es geschieht. Auf der Bank saß ein Mann. Er hatte die Beine ausgestreckt und die Hände in den Taschen seines Mantels vergraben, lehnte sich entspannt zurück und hing seinen Gedanken nach. Die Fotografin schätzte ihn auf Anfang fünfzig. Ein stattlicher Mann, dachte sie. Der Mann war in der Tat imposant. Obwohl er am Rand der Bank saß, schien er sie ganz einzunehmen. Das grau melierte Haar fiel ihm luftig um den Kopf. Es erinnerte sie an Marie-Desneige.

Ein Schwarm Tauben landete vor den Füßen des Mannes. Ihre Gedanken wanderten zu Angie Polson und ihrem Stofftaschentuch.

In diesem Moment bemerkte der Mann ihre Anwesenheit und lächelte verlegen. Entschuldigen Sie, sagte das Lächeln, ich sitze wohl auf Ihrem Platz, und mit einer Handbewegung lud er sie dazu ein, sich neben ihn zu setzen.

Er wünsche sich fort, weit fort, er wolle mit all dem nichts mehr zu tun haben, wolle sich einfach irgendwo verkriechen, wolle nichts mehr erklären müssen. Er sei erschöpft. Von der Arbeit, der Verantwortung, den Erwartungen. All das erklärte er der Fotografin matt, während sie ein Stück Brot aus der Tasche zog und die Tauben fütterte. Ich würde am liebsten verschwinden, sagte er, unsichtbar sein, für niemanden mehr existieren.

»Ich wüsste da einen Ort … Aber Sie sind zu jung.«

Die Fotografin lauschte seiner müden Stimme, aber sie war abgelenkt. Sie ahnte, dass es irgendwo im Inneren dieses großen Mannes einen Ort gab, an dem sie sich zu Hause fühlen könnte, an dem sie willkommen war. Sie sah zwei Arme, die sie umfingen und festhielten.

Er hieß Richard Bernatchez. Er sagte ihr seinen Namen. Richard Löwenherz, dachte sie unwillkürlich. Er hat das Herz eines Königs.

Als er sie fragte, wie sie heiße, nannte sie ihren vollen Namen und dachte dabei an ihre Freunde in der Wildnis, die sie nur unter falschem Namen gekannt hatte und die sie deshalb nie wiedersehen würde.

»Was für ein schöner Name«, sagte Richard Löwenherz.

Ein kleines Haus hinter Bäumen am Dorfrand. Von der Straße aus sieht man die mit Zedernholzschindeln verkleidete Fassade und den vorspringenden Giebel, der der Veranda Schatten spendet. Die Vorhänge sind zugezogen, damit sich das Haus nicht zu sehr aufheizt. Es ist ein heißer Sommertag. Ein alter Mann sitzt auf der Veranda.

Charlie hat einen Grashalm im Mund und raucht eine Zigarette.

»Kommst du?«

Er ist dünner geworden, über seine Wangen laufen zwei tiefe Furchen, aber ansonsten steht er mit seinen einundneunzig Jahren voll im Leben. Trotz der brütenden Hitze ist er im Dorf gewesen, und jetzt ruht er sich im Schatten aus. Eine Zigarette und ein Glas kaltes Wasser – das Leben hat noch einiges zu bieten.

»Gleich geht's los«, ruft er in Richtung Fliegentür.

»Ich komme.«

Marie-Desneiges luftiger Schopf erscheint im Türspalt, weiß und strahlend. Vorsichtig manövriert sie ein Teetablett durch die Tür, während Monseigneur ihr um die Beine streicht.

Sie trägt ein Kleid in zarten Blau- und Rosatönen, das ihr Haar noch heller leuchten lässt.

Sie stellt das Tablett auf einem Tisch neben dem Doppelschaukelstuhl ab und setzt sich zu Charlie. Er wartet schon eine ganze Weile auf sie. In den Händen hält er einen kleinen Triumph, zwei Briefumschläge, die er noch nicht geöffnet hat. Sie beide wissen, was sich darin befindet: ihre Rentenschecks. Charlie ist voller Zuversicht gewesen, Marie-Desneige hat nicht daran geglaubt. Sie hat nicht geglaubt, dass die Regierung ihnen die Schecks tatsächlich hinterherschicken würde, in dieses Dorf, wo niemand sie kannte. Aber Charlie hatte früher als Briefträger gearbeitet, er weiß, wie man so was anstellt.

»Sonst war nichts in der Post?«

Jedes Mal, wenn er aus dem Dorf zurückkehrt, stellt sie dieselbe Frage.

»Nein.«

»Wir sollten ihr schreiben.«

»Wie denn? Wir haben keine Adresse von ihr. Wir wissen nicht mal, wie sie heißt.«

Marie-Desneige seufzt. Dieses Gespräch haben sie schon oft geführt. Immer wenn Marie-Desneige sagt, dass sie ihre Freundin gern wiedersehen würde, entgegnet Charlie, dass es so besser ist, weil die Fotografin lernen muss, ihr eigenes Leben zu leben.

Chummy, der am anderen Ende der Veranda gewartet hat, steht auf und legt sich Charlie vor die Füße. Er weiß, dass es gleich losgeht. Die beiden alten Leute wiegen sich in ihrem Schaukelstuhl vor und *zurück, Monseigneur liegt zusammengerollt auf Marie-Desneiges Schoß, Chummy lässt sich von Charlie kraulen.*

Jeden Moment werden die Dorfbewohner von ihrer Arbeit in der Stadt zurückkehren. Dann beginnt die tägliche Parade der Autos.

Die Geschichte sagt nicht, wo das Dorf liegt oder wie es heißt. Schweigen ist Gold, vor allem, wenn es um Glück geht, denn das Glück ist zerbrechlich.

Zum Glücklichsein braucht es nicht viel, man muss es nur wollen. Marie-Desneige und Charlie haben noch ein paar Jahre vor sich und wollen in diesen Jahren ein ganzes Leben unterbringen. Sie wollen sich weiter vor der Welt verstecken.

Mehrere Fragen bleiben offen. Zum Beispiel ist da dieser Brief, der in der Brennerei eintraf, nachdem die Ausstellung längst abgebaut war. Der Brief stammte von Angie Polson. Die alte Dame hatte sich die Ausstellung angesehen und schrieb nun, in welchem Jahr Theodore das Porträt von ihr gemalt hatte.

Niemand weiß, ob der Brief seine Adressatin erreicht hat.

Die Ausstellung war ein voller Erfolg. Alle Gemälde fanden einen Käufer, und im Globe and Mail *erschien eine lobende Kritik. Die Erlöse wurden auf ein Treuhandkonto eingezahlt und harren dort ihres Schicksals.*

Und der Tod? Der hockt immer noch in seinem Versteck. Um den Tod muss man sich keine Sorgen machen, er lauert in allen Geschichten.